弘深·科学技术文库

托卡马克装置中的不稳定性及人工智能在该领域的应用

/

TUOKAMAKE ZHUANGZHI ZHONG DE BUWENDINGXING
JI RENGONGZHINENG ZAI GAI LINGYU DE YINGYONG

杨旭 徐伟 周雪 申渝 著

重庆大学出版社

内容提要

该书介绍了受控核聚变的概念和其中的物理思想及其核聚变能源的优点、发生可控核聚变的装置及其研究成果;介绍了托卡马克装置中的撕裂模不稳定性、外扭曲模不稳定性、电阻壁模不稳定性、边缘局域模不稳定性及其误差场理论及其修正的研究进展;也介绍了人工智能在核聚变领域的应用,包括人工智能在识别、预测等离子体大破裂方面的应用和人工智能在聚变等离子体数据分析方面的应用。

图书在版编目(CIP)数据

托卡马克装置中的不稳定性及人工智能在该领域的应用 / 杨旭等著. -- 重庆:重庆大学出版社,2023.1
ISBN 978-7-5689-3601-9

Ⅰ.①托… Ⅱ.①杨… Ⅲ.①托卡马克装置—研究
Ⅳ.①TL631.2

中国版本图书馆 CIP 数据核字(2022)第 231234 号

托卡马克装置中的不稳定性及人工智能在该领域的应用

杨旭　徐伟　周雪　申渝　著
策划编辑:杨粮菊
责任编辑:文　鹏　　版式设计:杨粮菊
责任校对:刘志刚　　责任印制:张　策

*

重庆大学出版社出版发行
出版人:饶帮华
社址:重庆市沙坪坝区大学城西路 21 号
邮编:401331
电话:(023)88617190　88617185(中小学)
传真:(023)88617186　88617166
网址:http://www.cqup.com.cn
邮箱:fxk@cqup.com.cn(营销中心)
全国新华书店经销
重庆升光电力印务有限公司印刷

*

开本:787mm×1092mm　1/16　印张:12.25　字数:176 千
2023 年 1 月第 1 版　　2023 年 1 月第 1 次印刷
印数:1—1 000
ISBN 978-7-5689-3601-9　定价:88.00 元

前　言

2021 年 3 月 15 日,习近平总书记主持召开中央财经委员会第九次会议并发表重要讲话强调,实现碳达峰、碳中和是一场广泛而深刻的经济社会系统性变革,要把碳达峰、碳中和纳入生态文明建设整体布局,拿出抓铁有痕的劲头,如期实现 2030 年前碳达峰、2060 年前碳中和的目标。化石能源终将退出历史舞台。而太阳能、风能、水能、潮汐和地热等能源受地域、环境和气候的制约,很难成为化石燃料的替代能源,所以发展清洁经济和开发清洁替代能源是本世纪全球范围内的重大课题,因此需要加强国际合作,共同应对能源问题。

20 世纪 90 年代,国际上主要核国家历时 10 余年、耗资近 15 亿美元启动的国际热核实验堆 ITER 项目。该计划是目前规模最大、影响最深远的国际科研合作项目之一,其中包括美国、中国、欧盟、印度、日本、韩国、俄罗斯七方。ITER计划的实施,标志着磁约束核聚变研究已经进入了能源开发阶段,其结果将决定人类是否能够快速地、大规模地使用核聚变能源,并从根本上影响人类解决能源问题的进程。

核聚变能源可以为人类提供清洁、无污染、安全(核事故概率几乎为零)、经济的能源,足够人类用上 100 亿年。目前,实现利用核聚变发电还有若干极具挑战的基础科学和技术问题没有完全解决。核聚变托卡马克中不稳定性是聚变研究中非常重要的研究课题,包括经典撕裂模、新经典撕裂模、扭曲模、电阻壁模、边缘局域模等不稳定性,这些不稳定性都可以造成等离子体大破裂的发生。

随着大数据、人工智能、物联网的发展及应用,研究者们也尝试将人工智能应用到核聚变等离子体中大破裂的预测。托卡马克装置在运行过程中出现大破裂,有可能是撕裂模、电阻壁模、边缘局域模等的不稳定性造成的,也有可能是多种不稳定性集体造成的。形成大破裂的原因,通常包含多个等离子体不稳定性相互耦合的结果,对于磁流体模型来说太复杂,所以现有的理论模型不能达到预测等离子体放电大破裂的目的,但是机器学习具备相应的优势,可以将整个等离子体运行过程看成一个黑盒子,经过大规模的训练来成功预测大破裂的发生。

本书主要介绍了不同种类的聚变装置、误差场理论及其修正,介绍了经典撕裂模、新经典撕裂模、扭曲模、电阻壁模、边缘局域模等不稳定性的研究进展,同时也介绍了人工智能在识别、预测等离子体大破裂的应用及人工智能在聚变等离子体数据分析方面的应用。

本书第 5 章、第 6 章、第 7 章由杨旭博士牵头撰写,约 10.5 万字;本书第 4 章、第 8 章和参考文献由徐伟博士牵头撰写和整理,约 8.5 万字;本书第 1 章、第 2 章、第 3 章由周雪博士牵头撰写,约 3 万字。感谢申渝研究员、唐亮贵教授对全书内容质量的把关,感谢王元震和李士龙参与资料收集。

本书受到国家自然科学基金项目(11905022)、智能感知与区块链技术重庆市重点实验室、重庆英才·创新创业领军人才项目(CQYC202003025)、重庆市科技局面上项目(cstc2019jcyj-msxmX0567)、重庆市教育委员会科学技术研究项目(KJQN202200819)、重庆市教育委员会科学技术研究重大项目(KJZD-M202000802)、重庆市特色化示范性软件人才培养能力建设项目(2022000537)、重庆工商大学科研项目(1952039 和 2056017)的资助。

由于编者水平有限,书中难免有疏漏之处,敬请广大同行读者朋友批评指正。

著 者

2022 年 2 月

目 录

主要符号表

符　号	代表意义	单　位
R_0	等离子体大半径	m
P	平衡压强	Pa
p	扰动压强	Pa
ρ	平衡密度	kg/m³
B	平衡磁场强度	T
b	扰动磁场强度	T
J	平衡电流密度	A/m²
j	扰动电流密度	A/m²
v	扰动速度	m/s
ξ	扰动位移	m
Ω	等离子体旋转频率	rad/s
η	等离子体电阻率	$\Omega \cdot$m
Γ	绝热系数	
μ_0	真空磁导率	H/m
v_A	阿尔芬速度	m/s
τ_A	阿尔芬时间	S
β_N	等离子体比压	

1. 核聚变能源

21世纪人类社会共同面临两大难题：环境恶化和能源短缺，同时，我国还存在着人均资源占有量低和能源结构不合理两大矛盾。2021年3月15日，习近平总书记主持召开中央财经委员会第九次会议并发表重要讲话强调，实现碳达峰、碳中和是一场广泛而深刻的经济社会系统性变革，要把碳达峰、碳中和纳入生态文明建设整体布局，拿出抓铁有痕的劲头，如期实现2030年前碳达峰、2060年前碳中和的目标。石油、煤和天然气等化石能源会造成环境污染和生态破坏，因此化石能源终将退出历史舞台。而太阳能、风能、水能、潮汐和地热等能源受地域、环境和气候的制约，很难成为化石燃料的替代能源，所以发展清洁、经济的可替代能源是本世纪全球范围内共同应对的能源问题。

核能，主要包括核裂变能和核聚变能两大类。核裂变是由重原子核（像铀、钍、钚等）分裂成两个或多个质量小的原子核的核反应，反应所释放的能量就是核裂变能，核裂变能有清洁、高效、稳定等优点。1kg铀-235完全裂变后所产生的能量相当于燃烧2 000 t煤所释放的能量。核裂变技术已经相对成熟，全世界范围内已经有300多座裂变堆核电站投入使用。但是核裂变也存在资源有限、废料寿命长、安全问题难以控制等缺点，如切尔诺贝利和福岛核电站事故，给人类带来了巨大的恐慌。

核聚变包括受控核聚变和不可控核聚变，其中氢弹爆炸是不可控的过程，其能量的释放过程是瞬间且剧烈的，同时也表明可以通过氘氚聚变释放巨大的能量。自然界中主要的核聚变是太阳中的核聚变反应，该核聚变反应是持续的,但是不可控。受控核聚变是让氢原子核(氢、氘、氚)聚合,产生大量的核能并以可控的方式释放出来。持续、可控的核聚变能可以为人类提供清洁、无污染、安全(核事故概率几乎为零)、经济的能源,该聚变能足够人类用上 100 亿年。一旦建立燃烧等离子体,任何事故都能使等离子体迅速冷却,使聚变堆快速熄灭。但是经过了 50 多年的努力,人类还没实现核聚变发电这一美好愿望,若干极具挑战的基础科学和技术问题还没有完全解决,但是已经取得了长足的进步。

受控核聚变的主要物理思想是,让氘(D)、氚(T)在一定条件下电离成包含电子和原子核的气体,即等离子体,然后对等离子体进行欧姆加热或利用中性束进行非欧姆加热使其发生聚变,反应如下:

$$D + T \rightarrow He^4 + n + 17.6MeV \tag{1.1}$$

发电量为百万千瓦级的发电站,每年仅需使用百千克氘气(重水)和百千克锂,就会释放巨大能量。

为了利用核聚变能源,核聚变产生的能量必须大于维持核聚变反应输入的能量。早在 1957 年,劳森(Lawson)提出核聚变反应需要具备高温、高密度、长时间的能量约束三个条件,称为劳森判据,即:

①温度 T 约 1 亿℃,约为 10 倍太阳芯部温度;

②密度 n:$1 \times 10^{20} m^{-3}$,约为大气密度的百万分之一,聚变反应率与密度成正比;

③能量约束时间 $\tau_E > 3$ s,约束时间正比于装置的尺寸和电流 $I_p R^2$,即装置越大约束越好,并且核聚变反应率与约束时间成正比。

由于地球上没有像太阳那么大的引力,所以需要对核聚变反应过程进行有效控制才能满足劳森判据,从而实现核聚变反应,这称为受控核聚变。

2. 磁聚变装置

因为达到聚变需要 1 亿℃的温度,所以没有合适的容器来约束如此高温的等离子体,通常利用磁场约束和惯性约束(激光聚变)两种方法对等离子体进行约束。这里主要介绍磁约束聚变装置,主要包括以下三类。

2.1　磁镜

磁镜作为加速宇宙射线的机制而提出,一对线圈的非均匀磁场会形成两个磁镜,由于磁矩不变性,两个磁镜之间可以捕捉等离子体(图 2.1),但是并不能完全约束等离子体。位于泄漏锥中的粒子则不受约束,并且该约束与碰撞率有关,电子相对于离子有更高的碰撞率,则电子更易于损失。磁镜的优点也有很多,如:设计简单、可以得到更大的 Q 值(聚变能量增益因子)、可以稳态运行、不会发生大破裂等。

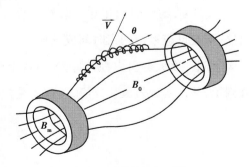

图 2.1　磁镜示意图[1]

　　磁镜约束等离子体的关键是磁矩,当磁场缓慢变化时,磁矩近似不变。因此,当带电粒子沿着磁力线由弱磁场区向强磁场区运动时,粒子的垂直速度不断增加,而粒子的动能是守恒的,所以它的平行速度不断减小。在平行速度降为零的位置,带电粒子被反射,回到约束区域。回到约束区的粒子再次从弱场区向另一侧的强场区运动,当平行速度再次降为零时,粒子再次被反射。带电粒子在磁镜中做周期性运动的现象称为磁镜效应。然而,对于那些初速度与磁镜轴之间的夹角小于临界角的带电粒子,这些粒子到达最大磁场处,粒子的平行速度仍然不为零,它们不能被强磁场反射,而是直接逃逸出去,这也是磁镜约束致命的缺点。

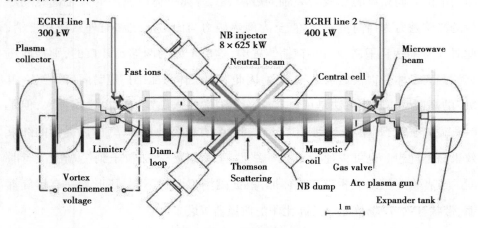

图 2.2　GDT 装置示意图[2]

　　1951 年,波斯特(POST)首次在聚变研究中应用磁镜效应。2014 年,由中国科学技术大学孙玄教授组建的中国最大串节磁镜装置 KMAX 成功放电,该装置长为 9.6 m,真空室内径为 1.2 m,磁喉处内径为 0.3 m,磁喉处的最大磁场为 3.2 kG,压强可达到 1.2×10^{-5} Pa。近期,利用真空室的 θ-箍缩线圈形成场剪切结构,等离子体密度达到 3×10^{18} m^{-3},总温度约为 100 eV,放电可持续 300 μs。2015 年,俄罗斯 GDT 磁镜装置(图 2.2)中,利用 0.7 MW/54.5 GHz 的电子回旋共振加热系统和 5 MW 的中性束加热系统,开展了一系列的放电实验。磁轴处的平均电子温度可以达到(660±50) eV,某些放电过程中电子温度超过

900 eV,等离子体密度达到 $0.7 \times 10^{19}\,\mathrm{m}^{-3}$,该实验表明线性装置在聚变研究中也可以取得一定的成功。

2.2 箍缩装置

箍缩装置是最简单的聚变装置,由等离子体自身相互作用对等离子体进行约束,主要有以下两种互相补充的形态:Z-箍缩和 θ-箍缩。

θ-箍缩:也称角向箍缩。在外壳加上强角向电流 I_θ,等离子体表面产生与角向电流方向相反的 j_θ 及沿 Z 轴的磁场 B_z,等离子体电流和沿 Z 轴的磁场产生的洛伦兹力为径向箍缩力,直至内部热压力与内磁压之和与外磁压相抵消,此时 θ-箍缩达到平衡。在 θ-箍缩装置中,等离子体的两端是开口的,则径向压缩的等离子体会很快地从 Z 轴逃逸,因此等离子体只能维持短时间(约为 μs 量级)的高密度。解决方法是可以在 θ-箍缩末端加入磁镜以减少终端损失,但是 θ-箍缩中等离子体密度达到 $10^{17}\,\mathrm{cm}^{-3}$ 时,会有很高的碰撞率,所以磁镜的约束效果并不理想。也可以建造较长的线性箍缩装置,增加粒子到终端的飞行时间。或者将 θ-箍缩装置设计成环形,根据磁场位形的不同,环形箍缩有螺旋箍缩、带状箍缩、反场箍缩以及高比压的仿星器等装置。

Z-箍缩:一种直线的开端箍缩装置。等离子体轴向加入强电流时,纵向的电流会产生较大的角向磁场,自身的纵向电流与产生的角向磁场相互作用,则可以产生较大的洛伦兹力,在径向产生自箍缩效应,装置中等离子体的密度和温度会快速增加,因此装置很容易发生放电。但是 Z-箍缩存在明显的缺点:

①当供给几十万安培电流时,等离子体会发生腊肠不稳定性;

②Z-箍缩中的电极直接与等离子体相接触,电极会带走粒子的能量,降低等离子体的温度;

③电极的溅射会产生大量的高原子序列金属杂质,这些杂质增大了辐射,会造成能量的损失。近年来,Z-箍缩的应用又出现了新进展,它可以提供高通

量的 X 射线,用作惯性约束的驱动源。

2.3　环装置

2.3.1　多极器

与托卡马克装置和仿星器不同,多极器的磁场主要或完全在角向。在等离子体内安装载流导线用于形成平均磁阱,使等离子体达到平衡和稳定。图2.3是美国通用原子公司八极器装置的磁力线示意图,四个导体环由穿过等离子体的小金属线支撑,导体环携带同方向的电流,产生如图所示的角向磁场。多极器的结构太过复杂,所以不适合做成反应堆。但是在环形装置的研究中,多极器已经取得了很重要的研究成果,证实了磁剪切的稳定作用。多极器的研究也已经证实不对称电场和误差场对约束的有害影响,也促使在理论上发现俘获粒子不稳定性,且在多极器的实验中首次证实新经典扩散定律的正确性。

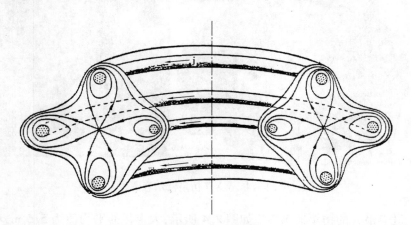

图2.3　环向八极器示意图[3]

2.3.2 仿星器

1958 年,Spitzer 提出了仿星器的概念。将其命名为仿星器,是希望该装置可以获得像星球那样的高温等离子体,以实现聚变反应。仿星器是聚变研究初期最主要的装置之一。起初,为了抑制电荷分离,将其设计成 8 字形。后来,人们发现 8 字形的磁场剪切很小,所以又将其设计为环形,成为现在的仿星器。

仿星器的工作原理是通过外部导体电流产生的磁场对等离子体进行约束,纵向和极向磁场都完全是由外部线圈提供,这是仿星器的一大优点。主要缺点:

①没有足够大的剪切,不可以稳定所有的不稳定性;

②由于沿长轴不是完全对称的系统,所以不对称的电场可能产生等离子体对流;

③小的误差场可能引起磁力线在磁面间的漂移。

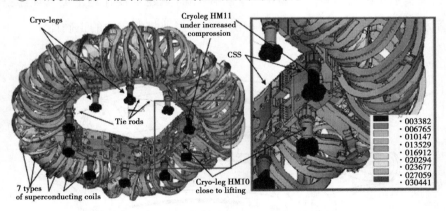

图 2.4　WX-7 仿星器示意图[4]

世界最大的仿星器 W7-X 如图 2.4 所示,大半径的平均值为 5.5 m,小半径的平均值为 0.53 m。2015 年 12 月 10 日,W7-X 核聚变反应堆成功制造出温度高达 100 万℃的氢等离子体,并持续了 0.1 s。目前正在运行的仿星器有 LHD、ATF、NCSX 和 W7-AS 等。

2.3.3　反场箍缩装置

　　该装置结构与托卡马克装置类似,最大的不同是反场箍缩装置的纵向场和极向场的强度大致相同。反场箍缩装置的优点是工程简单,建造费用低,可以得到较高的比压值。在一定密度范围内,极向比压和能量约束时间随密度的增大而增加,但是超过密度极限时,同样会发生大破裂,缺点是等离子体参数比较低,约束时间短。2015 年 10 月,中国科技大学与中科院等离子体物理研究所联合建造了我国第一个反场箍缩磁约束聚变实验装置 KTX,如图 2.5 所示。该装置的大半径 $R_0 = 1.4$ m,小半径 $a = 0.4$ m,环向磁场 $B_T = 0.7$ T,等离子体电流 $I_p = 1.0$ MA [5]。

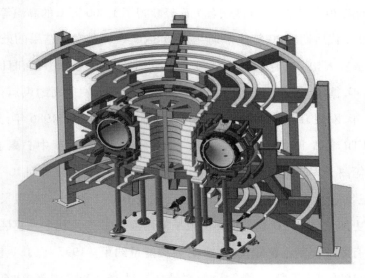

图 2.5　KTX 装置的横截面图[5]

2.3.4　托卡马克装置

　　托卡马克装置是环形强磁场的聚变装置,依靠等离子体电流和环形线圈产生强磁场,将极高温等离子体状态的聚变物质约束在环形容器里,以此来实现聚变反应。特殊构造的环向和极向磁场位形可以稳定地约束等离子体,并且利用射频波和中性束加热等离子体,可以维持等离子体电流。托卡马克装置是20世纪50年代由苏联科学家发明。托卡马克是由俄文"环形""磁场"及"容器"的前几个字母组成,由真空室、纵向场(环向场)磁体、极向场(垂直场)磁体等部分构成。由于托卡马克装置沿长轴是完全对称的,所以与仿星器相比,它既容易建造又容易分析,但是等离子电流需要由变压器感应产生,所以不能像仿星器那样稳定运行,容易发生大破裂。但是到目前为止,托卡马克装置仍是最成功的环形装置。

1)国外托卡马克装置

1954年,苏联库尔恰托夫原子能研究所建成了全世界第一个托卡马克装置T-3。20世纪70年代初,在T-3装置上已经获得了1 000万℃的高温等离子体。20世纪70年代后期到80年代中期,受到苏联T-3装置实验结果的鼓舞,世界范围内建成三大托卡马克装置,分别为美国的TFTR、欧盟的JET和日本的JT-60。1982年,德国ASDEX装置中利用中性束加热首次发现高约束运行放电模式。1984年,欧盟JET装置中的等离子体电流达到3.7 MA。1986年,美国普林斯顿的TFTR装置上利用16 MW大功率氘中性束注入,获得中心离子温度为2亿℃的等离子体,并且产生了10 kW的聚变功率,中子产额达到$10^{16} cm^{-3} s^{-1}$。在20世纪80年代后期,美国通用原子公司建成DIII-D装置,该装置尺寸较小,但是相对更加灵活。DIII-D是世界上最早使用D形截面的托卡马克装置,D形截面可以有效地控制不稳定性,实现更高的能量约束。1997年,JET装置上利用25 MW辅助加热手段,聚变输出功率最高超过16 MW。同年,JT-60装置上利用氘-氘放电实验,聚变功率增益因子Q值达到1.25。这些实验的成功,已经初步证实了以氘-氚作为核聚变反应堆材料,实现磁约束聚变的可行性,同时也表明托卡马克是最有可能实现聚变能商业化的有效装置。在20世纪90年代初,韩国政府拨3亿美元支持建造大型超导托卡马克装置KSTAR,目前正式放电运行,于2020年12月成功在1亿℃下运行20 s。印度政府也拨近1亿美元准备建造小型超导托卡马克装置 SST-1。

2）国内托卡马克装置

我国核聚变的研究开始于 20 世纪 60 年代,先后建设了 HL-1、HT-6B、HT-6M、CT-6B、KT-5 等小型托卡马克装置和 HL-2A、HL-2M、HT-7 和 EAST 等中型托卡马克装置。

核工业西南物理研究所建造的中国环流器 2 号 A 装置（HL-2A）,主要参数为大半径 $R = 1.64$ m,小半径 $a = 0.4$ m,环向磁场 $B_T = 1.2 \sim 2.8$ T,等离子体电流 $I_p = 0.15 \sim 0.45$ MA。中国环流器 2 号 M 装置（简称 HL-2M）于 2020 年 12 月 4 日建成并实现首次放电,主要参数见表 2.1。该装置具备堆芯等离子体研究能力,位形运行灵活,可开展先进偏滤器物理的实验研究。

表 2.1　HL-2M 的主要设计参数

等离子体大半径（ R ）	1.78 m
等离子体小半径（ a ）	0.65 m
等离子体电流（ I_p ）	2.5 ~ 3 MA
径向比（ R_0/a ）	2.8
拉长比（ k ）	1.8 ~ 2
三角形变（ δ ）	>0.5
环向磁场（ B_T ）	2.2 ~ 3 T
加热与电流驱动功率	25 ~ 27 MW

中国自行设计建造了世界上首个全超导托卡马克装置核聚变实验装置（Experimental Advanced Super-conducting Tokamak,EAST）,如图 2.6 所示。EAST 装置具有当今世界上最先进的实时冷却偏滤器系统,是未来十年内唯一可以提供长脉冲、近堆芯等离子体的实验平台,使我国成为少数拥有全超导托卡马克装置的国家之一,同时也使我国的磁约束可控核聚变研究走入世界前沿,可以为 ITER 装置的建造提供宝贵的实验经验。EAST 的主要参数见表 2.2。

图 2.6 EAST 装置图[6]

表 2.2 EAST 装置的主要参数

等离子体大半径(R)	1.8~1.9 m
等离子体小半径(a)	0.45 m
等离子体电流(I_p)	0.3~1.5 MA
环向磁场(B_T)	1.5~3.5 T

2006 年 9—10 月,EAST 装置成功地获得了稳定、重复和可控的高温等离子体放电。2007 年 2 月,EAST 装置获得稳定、重复和可控的偏滤器位形等离子体放电。2012 年,EAST 装置在再循环条件下实现了稳定、超过 32 s 的高约束等离子体放电,其方法独特、经济、有效,为未来 ITER 装置提供了一种新的放电途径。同年,也获得了 411 s 的高温等离子体,中心等离子体密度约 $2×10^{19}\,\mathrm{m}^{-3}$,中心电子温度大于 2 000 万℃。2021 年 5 月 28 日,EAST 装置再次创造新的世界纪录,成功实现可重复的 1.2 亿℃运行 101 s 和 1.6 亿℃运行 20 s,并将 1 亿℃运行 20 s 的原纪录延长了 5 倍。该纪录进一步证明核聚变能源的可行性,也为核聚变迈向商用奠定了物理和工程基础。

未来五年的预计目标是为 CFETR 和 ITER 装置中各种运行模式提供关键

的实验验证。EAST 装置为 CFETR 装置提供解决方案。EAST 装置能够开展近堆芯、稳态先进等离子体高参数运行实验,为未来聚变提供重要的物理研究,并且等离子体位形与 ITER 装置相似,因此它的成功对 ITER 装置的建设和研究有着重要的影响,为我国的聚变事业注入了新的活力。

目前,我国正准备筹建中国聚变工程实验堆(China Fusion Engineering Test Reactor,CFETR)。该实验堆是我国自主设计、研制并联合国际合作的重大科学工程。该项目于 2017 年 12 月 5 日在合肥正式启动工程设计,中国核聚变研究由此开启新征程。CFETR 项目计划分三步走,完成"中国聚变梦"。第一阶段到 2021 年,CFETR 开始立项建设;第二阶段到 2035 年,计划建成聚变工程实验堆,开始进行大规模科学实验;第三阶段到 2050 年,聚变工程实验堆实验成功,建设聚变商业示范堆,获得终极能源。CFETR 装置总体设计指标及内循环吞吐量衡算见表 2.3。

表 2.3　CFETR 装置总体设计指标及内循环吞吐量衡算

聚变功率	500 MW
一秒烧氚量	8.898×10^{-4} g
一天烧氚量	76.9 g
一年烧氚量	23.1 kg
一天氘氚处理量	2 563.3 mol(:55m^3)
一年产氚量	27.7 kg

3) ITER (International Thermonuclear Experimental Reactor)装置

20 世纪 90 年代,国际上主要核国家历时 10 多年,耗资近 15 亿美元启动国际热核实验堆 ITER 项目。该计划是目前规模最大、影响最深远的国际科研合作项目之一,包括美国、中国、欧盟、印度、日本、韩国、俄罗斯七方。ITER 装置计划建设 10 年,装置建成后运行 20 年,退役 5 年。表 2.4 是 ITER 装置的主要设计参数。

表 2.4　ITER 装置的主要设计参数[7]

总聚变功率(P_{fus})	500 ~ 700 MW
中子壁负载	0.78 MW/m^2
等离子体容积(V_p)	828 m^3
等离子体大半径(R)	6.2 m
等离子体小半径(a)	2 m
等离子体电流(I_p)	15 ~ 17 MA
椭圆度(k)	1.7
安全因子(q)	3
环向磁场(B_T)	5.3 T
加热与电流驱动功率	73 ~ 130 MW
偏滤器位形	单零点

　　ITER 装置由多个系统和部件组成,主要系统有磁场线圈系统、真空室系统、真空室内部件(屏蔽包层模块和偏滤器部件)、低温恒温器、水冷系统、低温站、加热和电流驱动系统、供电系统、加料和抽气系统、氚系统、诊断系统等。其中,氚的增殖、回收、纯化与再循环是未来聚变电站的核心技术之一,如图 2.7 所示。世界现有的装置与 ITER 装置的物理和工程条件对比情况见表 2.5。ITER 装置需要将上亿摄氏度的高温氘氚等离子体约束在 837 m^3 的空间中,放电持续时间长达 500 s,并且产生 50 万 kW 的聚变功率。这将是人类第一次在地球上获得持续的、有大量核聚变反应的高温等离子体,并产生接近电站规模的受控核聚变能。

　　ITER 计划的目标是集成验证稳态燃烧等离子体的物理问题和部分验证核聚变电站的工程技术问题,为建造受控核聚变反应堆奠定科学和工程技术基础。ITER 计划的实施,标志着磁约束核聚变研究已经进入了能源开发阶段,其结果将决定人类是否能够快速地、大规模地使用核聚变能源,并从根本上影响人类解决能源问题的进程。

  ITER 装置的建设、运行和实验研究是人类发展聚变能非常必要的一步,有可能将直接决定真正聚变示范电站(DEMO)的设计和建设。如果 ITER 装置能够按期建成并且完成预期的实验目标,则有望在 2030 年前后开始建造百万千瓦级的示范核聚变电站,并在 2050 年前后有望实现核聚变能源商用化。

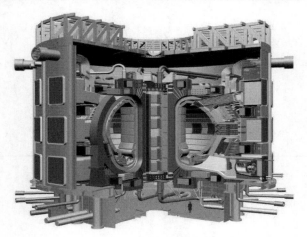

图 2.7 ITER 装置图[6]

表 2.5 各装置中物理和工程条件的对比

托卡马克装置	国际 ITER	中国 EAST	韩国 KSTAR	法国 WEST	欧盟 JET	德国 ASDEX-U	美国 DIII-D
全超导	√	√	√				
长脉冲	√	√	√	√			
高功率电子加热	√	√		√		√	
射频波加热为主	√	√		√			
低动量注入	√	√		√			√

续表

托卡马克装置	国际 ITER	中国 EAST	韩国 KSTAR	法国 WEST	欧盟 JET	德国 ASDEX-U	美国 DIII-D
水冷第一壁	√	√	√	√			
金属壁	√	√	√		√	√	
钨偏滤器	√	√	√	√			
偏滤器位形	√	√	√		√	√	√

3. 托卡马克装置中的撕裂模不稳定性

托卡马克装置中的撕裂模不稳定性由环向电流密度的径向梯度驱动,本质上是有限电阻率造成的不稳定性,导致磁力线撕裂和重新联接。磁力线的重联现象在空间等离子体中经常观察到,如地球上的磁力线会因为太阳风的扰动而出现重联现象。撕裂模是磁化等离子体中最重要的磁流体不稳定性之一,是由等离子体中储存的自由能驱动的非稳态磁重联,在磁重联过程中可以将磁能转化为流体的动能和热能。在空间、天体物理和实验室等离子体中都可以观测到撕裂模不稳定性,如在托卡马克装置、高功率激光设备和其他反磁装置中。托卡马克装置中的撕裂模不稳定性包括经典撕裂模不稳定性和新经典撕裂模不稳定性,早期的研究主要关注的是经典撕裂模不稳定性,但是在托卡马克装置中发现了自举电流的存在,由自举电流驱动而产生新经典撕裂模。目前的装置大多实现了高约束模式放电,存在很高的压强梯度,会导致很强的自举电流。科学家们发现新经典撕裂模是限制 EAST 装置比压大小、导致等离子体大破裂的主要因素之一[8]。

对于有限电阻率的等离子体,当磁流体在奇异层 $q=m/n$ (q 为安全因子,m 为极向模数,n 为环向模数)处破裂时,可能会出现 m/n 的经典撕裂模。撕裂模会降低等离子体约束,减慢等离子体旋转,甚至导致等离子体大破裂的发生。同时,磁岛的存在可以使热量在径向迅速扩散。并且,磁岛倾向于随着等离子体旋转,因此径向扰动场会对电阻壁施加力的作用,从而在电阻壁中诱导涡流,进而使等离子体旋转减慢,甚至使等离子体旋转制动。

撕裂模会产生磁岛,通过使局部压强曲线平坦化来降低整体压强,从而产生"软"比压极限。撕裂模还可以通过电阻壁中的感应涡流减慢等离子体旋转。如果等离子体旋转减慢导致高约束运行模式消失或锁定到静态误差场而导致等离子体放电大破裂,则会导致"硬"比压极限。特别是在低碰撞时,能否抑制撕裂模不稳定性是 ITER 装置能否成功运行的一个重要研究课题。

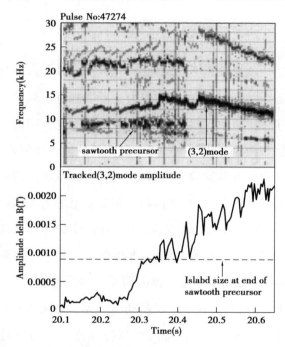

图 3.1　在 JET 装置 47274 次放电中出现的 $m/n=3/2$ 新经典撕裂模[9]

新经典撕裂模最初是在 TFTR 托卡马克装置中发现的,它以低极向和环向模数磁岛结构的形式出现在等离子体内部的有理面处[8]。新经典撕裂模是由螺旋形自举电流维持的电阻撕裂模。新经典撕裂模会降低等离子体的能量和角动量,会显著降低托卡马克装置的约束性能,甚至会导致等离子体大破裂的发生。目前托卡马克装置的归一化等离子体比压普遍超过了 2 或者更高,与 ITER 和 CFETR 等未来的托卡马克装置相差不大。在比压较高时,经常观察到 $m/n=3/2$ 的新经典撕裂模的出现,导致约束性能降低。一个典型的模式如图

3.1 所示[9],其中新经典撕裂模由一个大的锯齿振荡触发,导致约束下降 18% 。这是在各种托卡马克装置上都观察到的典型现象,在常规剪切情况下,$m/n=3/2$ 的新经典撕裂模的出现,会导致约束性能下降约 10%~20% 。

在等离子体比压非常高时,会观察到更加严重的 $m/n=2/1$ 新经典撕裂模,经常会导致大破裂的发生和放电的终止。在图 3.2 中可以观察到,在中性束功率上升之后,出现了一个锯齿振荡,激发了 $m/n=3/2$ 新经典撕裂模[9]。在等离子体比压很高时(局部碰撞下降),第二个锯齿振荡触发了 $m/n=2/1$ 新经典撕裂模,增长过程超过了 10 ms,这导致等离子体比压的急剧下降,从高约束模式到低约束模式的转变进一步导致了锁模。有时也观察到其他模数的撕裂模,例如 $m/n=4/3$ 模式,但这些通常是良性的,一般不会导致破裂。

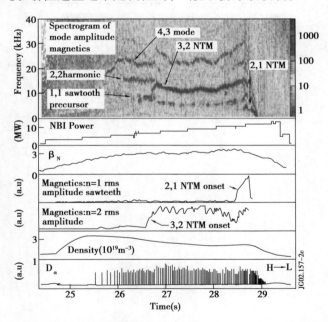

图 3.2　在 JET 装置 47296 次放电中出现的 $m/n=3/2$ 和 $m/n=2/1$ 新经

　　典撕裂模[9]

由于新经典撕裂模与等离子体压强直接相关,触发新经典撕裂模时的归一化等离子体比压取决于归一化拉莫尔半径($\rho*$)和归一化碰撞率,如图 3.3 所示。在不同装置上利用不同形式的校正后,研究人员为 ASDEX-Upgrate,DIII-D 和 JET 这三个装置绘制了比压阈值[10]。该定标指出,对于大型装置来说,等离子体比压阈值非常低。

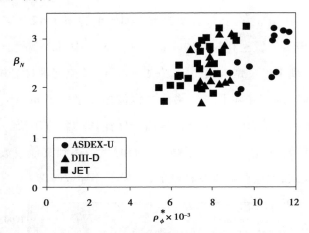

图 3.3　不同装置的新经典撕裂模比压阈值的定标[10]

4. 托卡马克装置中的外扭曲模 和电阻壁模不稳定性

核聚变研究的主要目标之一是在稳定状态下产生稳定的高压等离子体,以产生经济的聚变能。由等离子体电流和压强驱动的外扭曲模是托卡马克装置中最危险的大尺度磁流体不稳定性,时间尺度为阿尔芬时间 τ_A。外扭曲模限制了等离子体比压 $\beta_N = \beta a(\mathrm{m}) B_0(\mathrm{T}) / I_p(\mathrm{ma})$($\beta$ 是平均热压与磁压之比,a 是小环半径,B_0 是等离子体磁场,I_p 是等离子体总电流),甚至导致等离子体大破裂。理论上,等离子体柱外加足够近的理想导体壁能够稳定住外扭曲模,这是由于导体壁会产生感应涡流,进而弥补磁阱。但是现实情况是不存在电阻为零的导体,因此不能立即响应产生涡流,这种情况下就产生了一种新的不稳定模式,称为电阻壁模。

4.1 外扭曲模不稳定性的早期研究进展

长期以来,外扭曲模被认为最终限制等离子体压强的磁流体不稳定性。外扭曲模会造成等离子体大破裂,不仅会使装置放电中断,而且会对第一壁造成严重的损害。等离子体比压较小和较大时,外扭曲模分别由等离子体电流和等离子体压强驱动。

外扭曲模是低环向模数的全局性不稳定性。早期实验中不存在外场束缚,极向模数为 $m=0$ 的腊肠不稳定性是大家研究的主要问题,如图 4.1 所示。等离子体被柱向电流产生的角向磁场约束,当出现扰动时,等离子体表面会出现相间收缩和膨胀的现象,则产生腊肠不稳定性。之后的研究发现,在等离子体柱中加入合适的纵向磁场可以消除腊肠不稳定性。但是,加入的纵向磁场强度不够时,则会出现外扭曲模式,如图4.2 所示。

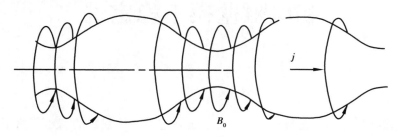

图 4.1　$m=0$ 腊肠不稳定性[11]

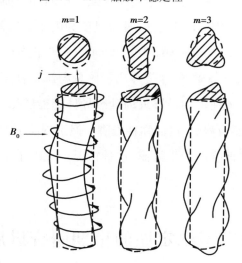

图 4.2　极向模数 $m=1$, 2, 3 的扭曲不稳定性[11]

　　1958 年,Bernstein 等人的能量原理理论是系统研究理想磁流体不稳定性的理论基础[12]。在这一原理中,等离子体被视为理想的导电流体。该系统的总能量守恒,扰动动能 δK 与扰动势能 δW 之间相互转化。当系统的扰动势能 $\delta W>0$ 时,系统是稳定的。若扰动势能 $\delta W<0$,则系统是不稳定的。能量原理的特点是:不需要对基本方程直接求解则可以判断磁流体的稳定性,但是不能

直接获得不稳定性的增长率。

1978 年，Wesson 利用能量原理对理想外扭曲模进行了分析，并研究了外扭曲模和 nq_a（q_a 为 100% 磁面处的安全因子）的关系，如图 4.3[12] 所示。

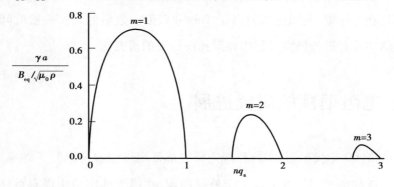

图 4.3　外扭曲模和 nq_a 的关系[12]

1970 年，Shafranov 首次研究了托卡马克装置中理想等离子体的不稳定性，研究了安全因子、电流分布和导体壁位置对磁流体不稳定性的影响[13]。

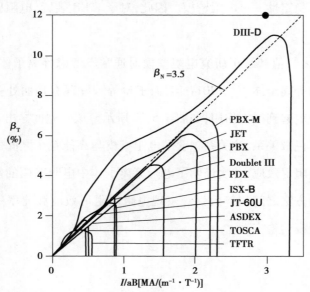

图 4.4　世界主要托卡马克装置的等离子体比压极限[14]

1984 年,Troyon 研究发现,不考虑外加导体壁时,托卡马克装置中的等离子体比压存在一个极限为 2.8,该极限值被称为 Troyon 极限。该极限在随后的十年内被世界上主要的托卡马克装置验证,如图 4.4[14]所示。该图中的托卡马克装置都存在导体壁,所以比压值高于 Troyon 极限。之后的很长一段时间内,外扭曲模的实验和理论研究都集中在对比压极限的研究。

4.2　电阻壁模的研究进展

20 世纪 90 年代早期,实验和理论研究都证明外扭曲模限制了等离子体比压。电阻壁模的时间尺度远远大于外扭曲模,在早先的实验中没有得到重视。先进托卡马克装置的稳态运行时间则远远大于电阻壁模的时间尺度,在不考虑任何耗散项时,导体壁的加入只会缓解但不会完全稳定住外扭曲模,则会演变为一种新的不稳定性——电阻壁模。因此,对于 ITER 装置,电阻壁模的研究十分重要。

早期,许多数值和解析研究电阻壁模时通常不考虑等离子体电阻,假设等离子体为理想等离子体[15]。2014 年,何玉玲等人发现有理面处存在的电阻对电阻壁模的稳定起到很大作用,如图 4.5[16]所示。该研究推导出了基于能量原理的电阻壁模色散关系,该关系包含了电阻壁模与高能粒子之间的漂移动力学共振和电阻层阻尼效应,首次证明了电阻等离子体中电阻壁模的能量原理方法与衔接条件的方法之间的等效性。发现电阻层阻尼效应和曲率效应可以大幅度提高电阻壁模的稳定性。

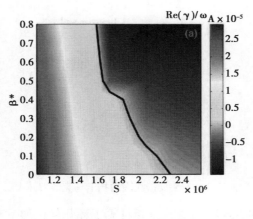

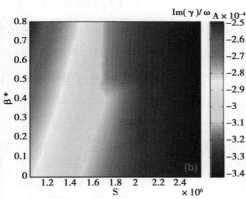

图 4.5 电阻层对电阻壁模稳定性的影响[16]

4.3 电阻壁模的主动控制

反馈线圈对电阻壁模的控制最早由 Bishop[17]在反场箍缩装置中提出，如今反馈控制系统已经在 DⅢ-D、JET、HBT-EP、NSTX 等装置上得到了广泛的应用[18]。电阻壁模主动控制的本质是通过调控线圈电流和位置来弥补损失掉的扰动磁场，使得电阻壁等效为理想导体壁，如图 4.6[19]所示，等离子体中的磁扰动信号传送到感应线圈，再传送到控制器进行处理，最后，控制器实时控制反馈线圈的电流，以产生磁场来弥补损失掉的扰动磁场。

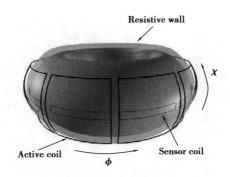

图 4.6 安装反馈线圈的托卡马克装置[19]

2000 年，Liu 和 Bondeson 首次解析计算了环几何位形下对电阻壁模的反馈控制，发现了高比压情况下，$n=1$ 的电阻壁模可以被一组简单的控制器和感应线圈稳定，如图 4.7[19] 所示。Liu 等人在 2000 年运用 MARS-F 程序研究了极向感应线圈的性能，通过调节反馈线圈的宽度可以得到最佳的稳定效果[20]。

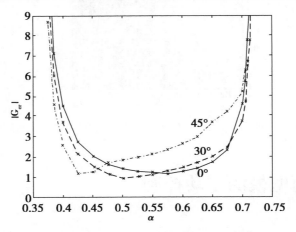

图 4.7 利用反馈线圈控制电阻壁模[19]

2006 年，Zhu 和 Sabbagh 等人首次在低旋转等离子体中实现了对 $n=1$ 电阻壁模的反馈控制[21]。从 2008 年开始，反馈控制装置在 NSTX 装置上作为常规工具使用。2010 年，在 NSTX 装置上证实，与关闭反馈控制相比，开启反馈控制的等离子体放电可以达到更高的平均等离子体比压值（$\beta_N > 6$），如图 4.8[22] 所示。

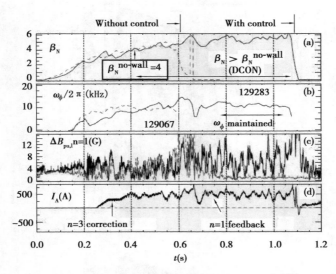

图 4.8　反馈控制对电阻壁模不稳定性的影响[22]

2018 年,任静等人数值研究了负三角形变对电阻壁模的影响。该研究再次证明位于真空壁内的理想反馈系统(即无时间延迟)能够稳定外扭曲模[23]。尽管负三角形变等离子体边界形状与传统的正三角形变等离子体边界相比有很大不同,但有源线圈的最佳极向位置仍然位于低场侧。根据有源线圈的极向位置,电阻壁中的涡流可增强或消解有源线圈产生的控制场,从而改善或恶化反馈性能。对于单排控制线圈,在负三角形变情况下,电阻壁模稳定的最佳极向宽度约为 50°,如图 4.9 所示。对于两排控制线圈,反馈增益相位的优化有助于大幅改善电阻壁模的控制情况。

电阻壁模反馈控制的数值模拟和实验已经取得了很大的进展。现在已经认识到,对于托卡马克装置来说,磁反馈结构可能比 Bishop 最初设想的要简单得多,简单的几何反馈对电阻壁的稳定是非常有效的。在反馈理论中发展起来的许多技术可以很容易地应用于托卡马克装置中,并对电阻壁模进行控制。

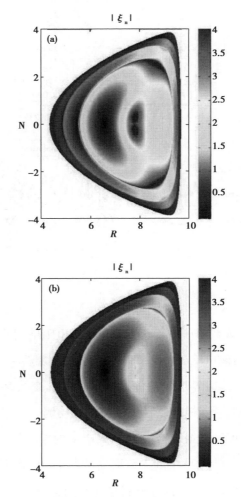

图4.9　不考虑(a)和考虑(b)反馈作用的电阻壁模本征结构[23]

4.4　电阻壁模的被动控制

被动控制通过等离子体自身的性质来稳定电阻壁模。等离子体环向旋转达到特定频率时,模式与波发生共振,耗散掉驱动电阻壁模的自由能,进而使得电阻壁模变稳定。

1994 年,Bondeson 和 Ward 利用磁流体理论对电阻壁模进行了研究。研究证实在低环向模数时,在外加等离子体旋转时(约在声速附近),低环向模数电阻壁模可以被稳定[24]。继 Bondeson 和 ward 之后,人们对如何稳定电阻壁模进行了大量的研究。1996 年,Fitzpatrick 等人研究证实强边缘等离子体旋转和等离子体内部耗散的协同能够稳定电阻壁模[25]。这种稳定机制与 Bondeson 和 Ward 发现的机制类似,都是耗散了驱动电阻壁模的自由能。

2004 年,Hu 和 Betti 首次提出了等离子体旋转结合进动漂移共振来稳定电阻壁模。该研究证实了等离子体旋转结合进动漂移共振可以提高等离子体比压极限,同时大大降低了稳定电阻壁模所需的旋转频率阈值[26]。该研究不仅考虑了粒子的进动共振,而且还考虑了粒子的反磁共振。他们指出,反磁漂移(这在以前的研究中被忽视)可以提供额外的稳定效应。

这些研究使人们对电阻壁模的整体结构认识更清楚,并通过等离子体自身性质提高了电阻壁模的稳定性。

4.5 被动控制和主动控制的协同作用

在托卡马克装置的实际运行过程中,被动控制和主动控制是同时存在的。2014 年,夏国良等人利用 MARS-F 程序系统地研究了磁反馈和等离子体环流对电阻壁模的协同作用[27]。研究发现,磁反馈主动控制与等离子体环流的被动控制相结合,可以在电阻壁远离等离子体时打开两个稳定窗口,如图 4.10 所示,而不是仅仅由等离子体环流打开的单个稳定窗口。新稳定窗口的宽度随着反馈增益的增加而增加。而且等离子体旋转频率影响两个稳定窗口,当反馈推动电阻壁模与等离子体环流相同的方向旋转时,就实现了协同效应。与理想等离子体模型预测的结果相比,等离子体电阻率显著扩大了该协同方案的稳定区域。其次,在该研究中证实了内部极向传感器相比于径向传感器在电阻壁模控制方面的优越性能。

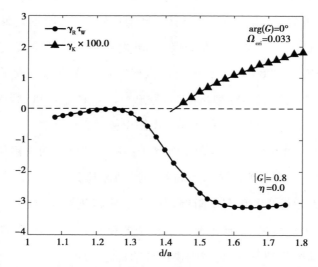

图 4.10　电阻壁模增长率随壁位置的变化出现双稳定窗[27]

2015 年,夏国良等人利用 MARS-K 程序数值研究了漂移动力学共振、电阻层耗散、磁反馈和等离子体环流对稳定电阻壁模的协同效应[28]。结果表明,等离子体电阻率加上良好的平均曲率效应,可以扩大漂移动力学模型预测的稳定区域。进动漂移共振阻尼、磁反馈和等离子体环流之间的协同作用有助于打开两个稳定窗口,如图 4.11 所示。内稳定窗口的宽度随反馈增益的增大而增大,随环向流速的增大而减小。此外,优化上、下两组有源线圈之间反馈增益的环向相位差可以完全抑制电阻壁模不稳定性。

2019 年,夏国良等人利用 MARS-F/K 程序数值研究了 HL-2M 装置中等离子体环流、磁漂移动力学以及磁反馈控制对电阻壁模不稳定性的影响[29]。该研究证实环向流速不太快的时候($\Omega_0 \leqslant 0.006\Omega_A$),由捕获热粒子而产生的进动漂移共振阻尼可以被动稳定 $n=1$ 电阻壁模,如图 4.12 所示。为 HL-2M 设计的两排磁控线圈,稳定电阻壁模的最佳极向位置为 20°~22°。该研究表明可以通过等离子体流阻尼、漂移动力学阻尼和磁反馈共同协同稳定 HL-2M 中的电阻壁模不稳定性。

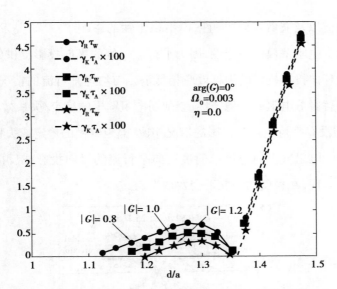

图 4.11　动力学阻尼与磁反馈协同效应出现双稳定窗[28]

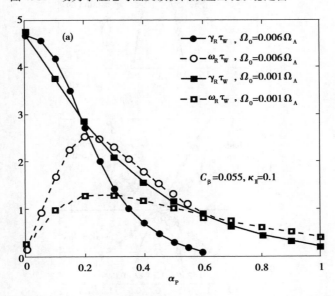

图 4.12　等离子体环向旋转频率为 $\Omega_0 \leq 0.006\Omega_A$ 时，

MARS-K 计算的 $n=1$ 电阻壁模增长率和频率随着进动漂

移共振的变化[29]

2019 年,夏国良等人利用 MARS-F 程序数值研究了等离子体环向旋转中平

行流和极向流以及流剪切对电阻壁模不稳定性的影响[30]。研究发现,平行流
几乎不会改变电阻壁模的稳定性,因为平行流一侧的极向投影提供的稳定效应
和另一侧的环向投影提供的失稳效应相抵消。与均匀平行流的情况相比,剪切
的平行流显著影响电阻壁模稳定性,会削弱电阻壁模的稳定/失稳效应,如图4.
13 所示。与没有平行流或其投影的情况相比,电阻壁模的稳定或失稳取决于平
行流的方向。电阻壁模的稳定可通过正向平行流的极向投影或反向平行流的
环向投影来实现,在相反的情况下会发现失稳。

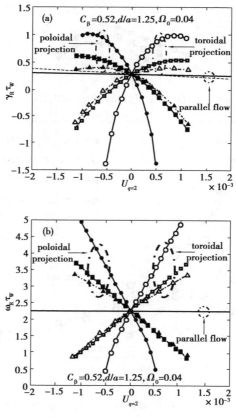

图 4.13　剪切的平行流对电阻壁模的影响[30]

4.6 ITER 装置中电阻壁模的研究

2010 年,刘越强等人数值研究了 ITER 装置中 α 粒子对电阻壁模的影响。与单独的热粒子动理学效应相比,α 粒子通常是致稳的[31]。在高比压情况下,电阻壁模会出现两支根,而且第二支根随着旋转频率的增大而增大,从而变得更不稳定,如图 4.14 所示。此外,α 粒子的稳定效应一般较弱,只有当等离子体旋转频率足够快时,大致与 α 进动频率相匹配,这种效应才会更加明显。

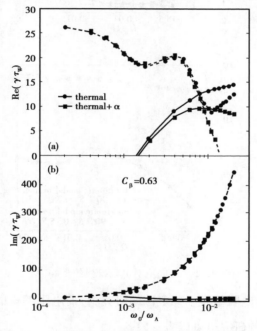

图 4.14 α 粒子对电阻壁模的影响[31]

2015 年,刘超基于 ITER 9 MA 先进稳态运行方案数值研究了环向剪切流对电阻壁模的影响[32]。剪切位置和剪切度都对电阻壁模有很大的影响。扫描等离子体环流幅值,$n=1$ 电阻壁模在动理学效应下,会产生两个根,如图 4.15 所示。第一个不稳定根通常更不稳定,它更容易受到局部剪切流以及剪切峰值径向位置的影响。相反,第二个不稳定根(通常为弱不稳定根)受环向剪切流的影响较小。

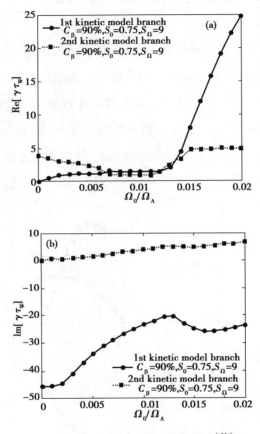

图 4.15　环向流对电阻壁模的影响[32]

通过几十年对电阻壁模不稳定性的研究,目前电阻壁模的物理机制已经很清晰,对电阻壁模的研究也可以告一段落了。

5.托卡马克装置中利用共振磁扰动 场控制边缘局域模的研究进展

等离子体对三维磁场响应是聚变研究中非常重要的研究课题,包括利用共振磁扰动场控制边缘局域模、误差场的修正、等离子体流阻尼、高比压等离子体中共振场的放大、电阻壁模的主动控制和其他磁流体不稳定性的控制等物理问题。实验已经证实,等离子体区域外很小的磁扰动,等离子体都可以对其产生很大的响应,从而影响等离子体的约束和稳定性。

5.1　边缘局域模的研究进展

1982 年,Wagner 在 ASDEX 装置中发现利用中性束加热可以实现高约束运行模式,如图 5.1[33]所示。具有边缘局域模的高约束运行模式是目前托卡马克装置中主要的约束改善模式。特别是 ITER 装置,一定要在高约束运行模式下运行。而高约束运行模式在高密度的情况下表现为高能量约束,这样则更有利于制造价格相对便宜的托卡马克装置。高约束运行模式的优点在于形成边缘输运垒,形成很陡的压强梯度和电流梯度,会产生比较大的聚变功率增益因子。高约束运行模式的基本特征包括以下几点:

(1)在利用非欧姆加热的偏滤器位形(也有个别限制器位形)装置中发生。

(2)高约束运行模式能量约束时间比低约束运行模式提高一倍以上。

(3)低约束与高约束运行模式之间可以转换,转换阈值的加热功率满足:

$P_c = 0.4\bar{n}_e B_r R^{5/2}$,其中 $\bar{n}_e$ 为平均电子密度,B_r 为径向磁场强度,R 为大半径。

(4)在等离子体边缘形成较陡的密度、温度梯度台基区,即较高的边缘输运垒,从而整体抬高等离子体的密度、温度。

(5)在台基区形成由压强和电流梯度引起的边缘局域模。

边缘局域模是由压强和电流梯度驱动,瞬间、快速和可重复的磁流体不稳定性,会导致粒子和能量的周期性爆发。尽管边缘局域模有利于控制粒子数量和输出聚变产物,有助于排出等离子体内部的杂质和氦灰,但是与之相关的能量损失也是不可以接受的。

边缘局域模是在等离子体边缘产生的脉冲式强振荡磁流体不稳定性,其典型特征是偏滤器靶板上测得明显增强的脉冲 D_α 信号。1992 年,Doyle 定义了边缘局域模有以下几种类型:

(1)Type I 边缘局域模:频率随边缘区磁分形面能量通量的增大而增大,主要是在高约束运行的台基区形成较大电流和压强梯度引起的剥离-气球模所激发。该边缘局域模脉冲爆发时会对偏滤器靶板造成很强的热负荷,ITER 装置中的偏滤器材料不能承受如此大的热负荷。在很短的时间内,Type I 边缘局域模可以产生大量的能量损失,并把很高的热量喷溅到第一壁上,会大幅度降低组件的使用寿命,是边缘局域模中最危险的一类,如图 5.2 所示。

(2)Type II 边缘局域模:高频振荡模式,可能与低运行模式-高运行模式-低运行模式转换有关。该边缘局域模爆发后密度会下降到低约束运行的水平。

(3)Type III 边缘局域模:在台基区的压强梯度较小时发生,其频率随着边缘区磁分形面的能量通量增大而减小,可能与电阻气球模有关,如图 5.2 所示。

边缘局域模通常发生在高比压等离子体中[34-36]。近几年的研究证实 Type I 边缘局域模[33]会对未来的托卡马克装置中的壁材料造成重大威胁,如果不加以缓解或抑制,边缘局域模会伤害壁表面或偏滤器,特别是 ITER 装置[37]。现有 ITER 装置中的壁材料和偏滤器只能承受 Type I 边缘局域模 20% 的能量冲击。为了控制 Type I 边缘局域模,三种常用的控制技术已经应用于实验装置中。

第一种方法是往等离子体内注入燃料,这种方法可以有效地改变等离子体平衡从而控制边缘局域模。2004 年,Lang 等人在 ASDEX Upgrade 装置中,利用注入小型低温氘弹丸的方法往等离子体内注入燃料,边缘局域模的频率增加了 83 Hz[38]。

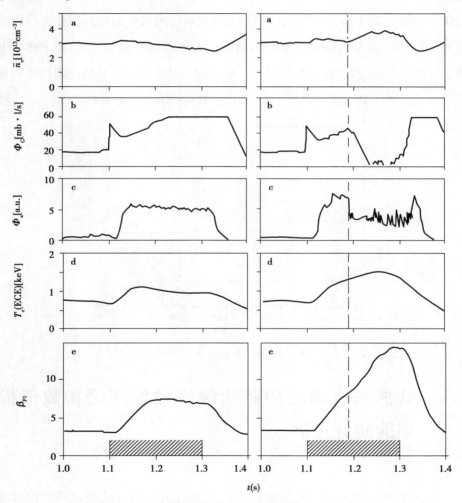

图 5.1　ASDEX 装置中的低约束和高约束运行模式

第二种方法是迫使等离子体沿着力矩的垂直方向快速振荡,在等离子体边界产生感应电流改变边界的安全因子,从而缓解剥离-气球不稳定性。2003 年,Degeling 等人在 TCV 装置中,利用真空室内的控制线圈引起等离子体的快速运动,并证实该方法的确可以影响边缘局域模[39]。

第三种方法是外加共振磁扰动场,是目前最成熟、最可靠的技术,可以有效地缓解[40]甚至完全抑制[41]边缘局域模。托卡马克装置中的共振磁扰动场实验研究开始于 20 世纪 70 年代,应用于高约束运行模式下的限制器托卡马克装置中,用于缓解由边缘局域模导致的间歇性通量溅射。同一时期,理论研究也从推导解析发展到数值模拟。2003 年,共振磁扰动场第一次成功抑制边缘局域模[42],也开启了共振磁扰动场实验、理论和数值研究的快速发展时期。

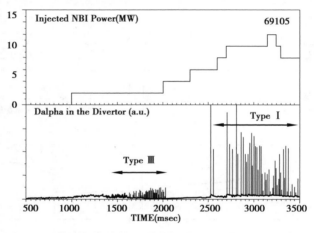

图 5.2　DIII-D 中 Type Ⅰ和 Type Ⅲ边缘局域模[43]

5.2　共振磁扰动场控制边缘局域模理论和数值模拟的研究进展

修正台基区的输运机制,稳定剥离-气球模是理解共振磁扰动场抑制边缘局域模的关键。不同的理论已经用于解释边缘局域模的稳定机制,如边缘场随机理论、磁振颤理论、磁岛链形成理论等。

5.2.1　边缘场随机理论

　　共振磁扰动场使磁岛增大,互相叠加,磁力线呈现混乱的状态,使压强梯度低于边缘局域模不稳定的阈值。1966 年,Rosenbluth 等人利用误差场模型(随机分布在环向的磁铁),发现光滑的环向磁面可以被不规则的磁场破坏,多个近距离的共振场存在时磁岛会叠加,磁力线会从一个磁岛移动到另一个磁岛,这种现象也被称为磁力线的扩散[44]。1987 年,Filonenko 等人重新修正了Hamiltonian 空间中的微分方程,并得到了进一步的结果[45]。该研究发现,当扰动场超过阈值时平衡磁面被破坏,磁力线在三维空间中形成类似于布朗分布的随机分布。此外,一些研究证实,提高平衡磁场的剪切,可使靠近刮削层区域的共振密度增加[46]。这些结果表明边界磁场结构对很小的共振磁扰动场也特别敏感。数值模拟研究也证实了仿星器中边界磁面对外加扰动场的敏感度非常高。实际上,最早研究边缘随机场对等离子体的影响是在 TEXT[47,48]、Tore Supra[49,50] 和 TEXTOR[51-53] 装置中。

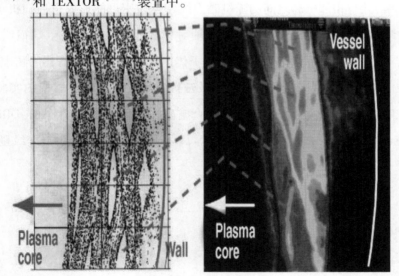

图 5.3　Tore Supra 装置中"Poincaré 磁岛"与静态磁岛的对比[54]

1996 年,Poincaré 首次提出不考虑等离子体电流时,只描述真空磁场,磁力线会形成"真空磁岛",这些磁力线的路径类似于利用微分方程描述三体行星系统的运动轨道。"Poincaré 磁岛"与我们提到的磁岛不同,磁岛包含由螺旋等离子体电流产生的非轴对称场效应,如有理面处的电流屏蔽、新经典撕裂模和锁模等。由于真空区域的电阻是无限大的,所以没有电场和电流;"Poincaré 磁岛"代表真空磁场的拓扑结构,它不包括磁力线的撕裂和重新连接,只是简单地对场线路径进行拉扯,使其变形。仿星器中误差场破坏了光滑的平衡磁面,观察到了真空"Poincaré 磁岛"。

Tore Supra[54]和 TEXT[55]装置的共振磁扰动场实验证实磁岛的存在,并且与"Poincaré 磁岛"结构一致。图 5.3 是在 Tore Supra 中环向模数 $n = 6$ 的"Poincaré 磁岛",在结构和位置上都与实验中高场区等离子体的静态磁岛符合得特别好[54]。

在考虑非线性动力学效应时,非轴对称磁场作用于螺旋轴对称分界线的分岔上则产生同宿和异宿纠缠[48,49,57,58]。这些纠缠在 X 点和磁岛边界处形成随机磁力线,并与相邻磁岛之间的随机磁力线相互作用可能形成全局随机场。在 DIII-D 装置中,发现了三维磁场可以使轴对称的分界线结构产生同宿纠缠,如图 5.4[56]所示,这也改变了先前对等离子体边界、刮削层和偏滤器的物理理解。

在 JET 装置中,Liang 等人利用共振磁扰动场缓解边缘局域模的实验证实了边缘随机场理论,并且满足 Chirikov 真空磁岛的叠加定律[59]。在 DIII-D 装置中,Evans 等人在有碰撞和无碰撞等离子体中,也都证实了边缘随机场理论[60,61]。

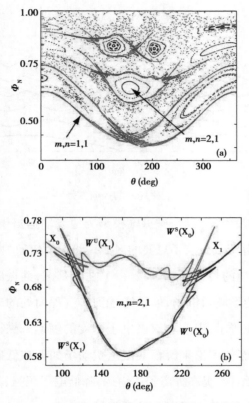

图 5.4　D Ⅲ-D 装置中观察到的流形结构[56]

5.2.2　共振磁扰动场控制边缘局域模的其他理论

如果等离子体的旋转比较大,共振磁扰动场被屏蔽,就不会产生很强的共振磁场,也就不会形成随机层,所以随机输运理论不适用于高旋转无碰撞的台基区等离子体。并且等离子体边界不同区域对共振磁扰动场的响应也是不同的(如分界线区域和台基区域)。在 DIII-D 装置中得到边缘局域模的 q_{95}(95% 磁面处安全因子)抑制窗口为 $3.4<q_{95}<3.55$,而边缘随机理论,真空磁岛叠加预测的抑制窗口为 $3.0<q_{95}<4.0$,实验中的抑制窗口明显比较窄。由于存在上述疑问,所以 Callen、Wade、Lanctot 等人提出了以下几个理论:

1) 磁振颤模型

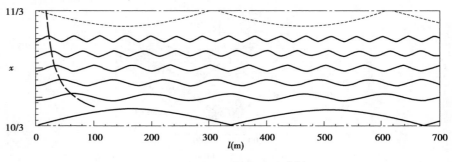

图 5.5　磁场线的径向振颤[62]

在等离子体中没有磁岛时,磁振颤模型为边缘输运提供了一种新的解释。
Callen 等人研究了随机场效应不重要的区域(等离子体流屏蔽的作用),如高约
束运行模式下低碰撞的台基顶部区域[62]。在台基区,共振磁扰动场很难渗透
到有理面,也就不能形成随机场,但是渗透到非有理面处的磁场可以引起磁力
线的振颤,如图 5.5 所示,引起非双极电子密度的输运。磁振颤引起的等离子
体输运提供了一个新的理论来解释共振磁扰动场如何在低碰撞高约束运行等
离子体中修正台基结构,提高等离子体输运,降低电子压强梯度,限制台基区向
内扩展,稳定剥离-气球模,从而抑制边缘局域模。

2) 磁岛链形成模型

磁岛链形成模型适用于高约束运行模式下的台基顶部区域,且该区域没有
形成叠加的磁岛。Wade 等人[51]通过分析密度、温度和旋转剖面在加入共振磁
扰动场前后的变化,得到 DIII-D 装置中,抑制边缘局域模与以下三个条件有关:
①台基顶部;②$n=3$ 有理面(因为外加环向模数 $n=3$ 共振磁扰动场);③存在极
向电子流速 $\omega_{\perp e}=0$ 的区域。数值模拟预测满足上述三个条件可能会在台基顶
部形成磁岛或磁岛链,提高了径向输运,从而抑制台基的增长,因此可以维持无
边缘局域模状态。并且在该研究中也指出同方向和反方向中性束注入放电实
验中证实存在 $\omega_{\perp e}=0$ 的区域对于抑制边缘局域模的重要性。在同方向中性束
注入时,存在 $\omega_{\perp e}=0$ 的区域,则可以抑制边缘局域模,在反方向中性束注入时,

没有 $\omega_{\perp e} = 0$ 的区域,实验中也没能抑制边缘局域模。但迄今为止,该理论缺少强有力的实验证据。

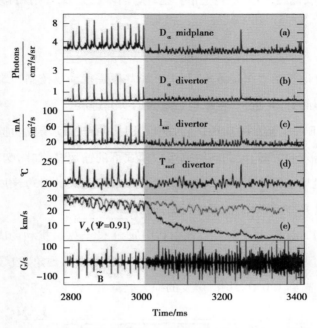

图 5.6　DIII-D 装置中共振磁扰动场抑制边缘局域模实验[42]

一些证据也已经证实边缘局域模的抑制与理想等离子体响应相关。2013年,Lanctot 指出不考虑等离子体旋转,只考虑理想等离子体响应时,$n = 2$ 边缘局域模的抑制窗口与扭曲共振的放大有关[63]。外加磁扰动场与扭曲模耦合,在 $nq < m < 3nq$ 区域得到放大的共振场,该共振场与抑制窗口有关。

Liu 等人利用 MARS 程序数值研究不同装置(MAST、ASDEX Upgrade、EAST 和 HL-2A)中的边缘局域模缓解实验,证实边缘剥离响应与边缘局域模的缓解有关[64]。

在实验中,已经得到了抑制边缘局域模的实验结果。在理论上,虽然已经提出了上述模型来解释共振磁扰动场是如何抑制边缘局域模的,但是迄今为止,没有一个完整的、令人完全信服的理论出现。

5.3 共振磁扰动场控制边缘局域模实验的研究进展

为了更好地控制边缘局域模,利用外加共振磁扰动场控制边缘局域模在实验上做了很多的努力,近 10 年取得了重大的研究进展。

2003 年,Evans 等人在 DIII-D 装置中利用共振磁扰动场成功抑制了边缘局域模,并没有影响芯部约束和高约束运行模式下的输运垒,如图 5.6 所示,并证实了边界随机场理论[42]。2005、2006 年,Evans 等人又针对边缘局域模做了一系列的实验研究,对其中的物理进行了探讨。

2007 年,Liang 等人在 JET 装置中利用 $n=1$ 的共振磁扰动场成功缓解了边缘局域模[65]。图 5.7(c)中可以明显地观察到密度塌缩现象,边缘局域模的频率由 30 Hz 提高到 120 Hz,每次爆发的损失能量由 7% 降为 2%。

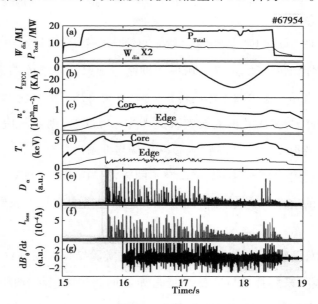

图 5.7 JET 装置中共振磁扰动场缓解边缘局域模实验[65]

2011 年,Suttrop 等人在 ASDEX Upgrade 中首次利用 $n=2$ 的非轴对称磁扰动场成功缓解了边缘局域模,如图 5.8[66]所示。在缓解的阶段,边缘局域模的频率由 50~75 Hz 提高到 400 Hz,并且芯部的钨杂质浓度明显降低,没有发生钨聚集现象。

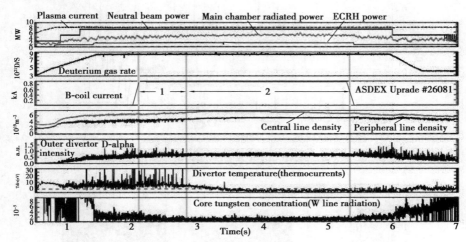

图 5.8　ASDEX Upgrade 装置中共振磁扰动场缓解边缘局域模实验[66]

2011 年,Kirk 等人在 MAST 装置中利用 $n=3$ 共振磁扰动场成功缓解了边缘局域模,如图 5.9 所示,并且在放电过程中,外加共振磁扰动场时也观察到密度塌缩现象[67]。2012 年,Kirk 等人利用 $n>3$（$n=6$）共振磁扰动场成功缓解了边缘局域模[68]。当边缘局域模被缓解时,在 X 点附近观察到明显的流形结构,如图 5.10 所示,在早前的理论研究中预测过此结构,但是第一次在放电过程中观察到此现象,证实该结构的出现与共振磁扰动场渗透相关。共振磁扰动场大于密度塌缩或者边缘局域模频率提高的阈值时,才有可能出现该结构。

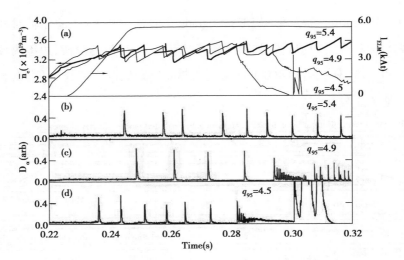

图 5.9　MAST 装置中共振磁扰动场缓解边缘局域模实验[67]

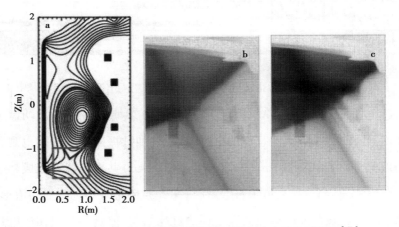

图 5.10　MAST 装置中缓解边缘局域模实验中的流形结构[68]

　　2012 年,Jeon 等人在 KSTAR 装置中,高约束运行模式下利用 $n=1$ 共振磁扰动场成功抑制边缘局域模。最初阶段边缘局域模频率降低,强度增加,随后才被完全抑制[69]。抑制边缘局域模的过程中,电子密度起初有 10% 的下降之后缓慢增加,如图 5.11 所示。边缘电子温度的饱和演化和磁振荡的快速增大,都说明了外加磁扰动场改变了边缘输运。

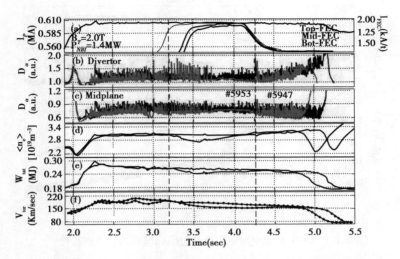

图 5.11　KSTAR 装置中共振磁扰动场缓解边缘局域模实验[69]

　　我国利用共振磁扰动场控制边缘局域模的实验研究始于 2015 年,中国科学院等离子体物理研究所和核工业西南物理研究所差不多同时开展。

　　2015 年,孙有文等人用数值方法研究了 EAST 装置中等离子体对非轴对称磁扰动的响应[70]。2016 年,孙有文等人首次在 EAST 装置中利用共振磁扰动场成功缓解和抑制边缘局域模,并且发现边缘局域模的缓解和抑制可以进行非线性的转化,如图 5.13[71]所示。该研究大大提升了我国托卡马克边缘局域模研究在国际上的地位。

　　2016 年,季小全等人在 HL-2A 装置中开展了利用共振磁扰动场控制边缘局域模的实验,并且成功地缓解了边缘局域模。目前,已利用共振磁扰动场成功地抑制了边缘局域模。

　　利用共振磁扰动场控制边缘局域模实验已经取得了很好的研究成果,见表5.1,但是至今仍然没有完整的理论可以用于解释实验结果。因此,共振磁扰动场抑制边缘局域模的相关物理仍是国际上前沿的研究课题。

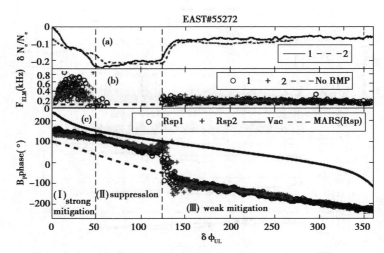

图 5.12　EAST 装置中缓解到抑制边缘局域模的非线性转化[71]

表 5.1　各装置中边缘局域模的控制情况

Device	R_0/m	R_0/a	Row x coils	n	mitigation	suppression
MAST	0.9	1.7	6+12	3(1, 2, 4, 6)	√	
ASDEX-U	1.7	3.3	2 × 8	2(1, 3, 4)	√	√
DIII-D	1.65	2.8	2 × 6	3(1, 2)		√
EAST	1.75	4.3	2 × 8	1, 2, 4	√	√
JET	2.9	3.1	1 × 4	1, 2	√	
KSTAR	1.8	3.7	3 × 4	1, 2		√
HL-2A	1.65	4.4	2 × 2	1, 3, 5,…	√	√

6. MARS 程序在利用共振磁扰动场
控制边缘局域模方面的研究进展

MARS 程序在利用共振磁扰动场控制边缘局域模方面做了很多工作。MARS 程序数值模拟与实验装置(包括 MATS、ASDEX-Upgrade、DIII-D、EAST、HL-2A、ITER 和 DEMO 装置)相结合,探究了共振磁扰动场控制边缘局域模的物理机理。

6.1 MARS 程序的数值模型

MARS 程序,包括 MARS-F、MARS-K 和 MARS-Q 三类模型,分别是流体、动理学、准线性模型。CHEASE 程序通过求解固定边界条件的 Grad-Shafranov 方程,为 MARS 程序提供平衡。MARS 程序不仅可以用于研究等离子体对外加磁扰动场的响应,还可以用于研究电阻壁模、撕裂模、内扭曲模等不稳定性。MARS 程序的模拟区域包含真空和等离子体两部分,可以求解扰动磁场的真空方程和等离子体区域的磁流体方程。

6.1.1 MARS-F 程序的数值模型

MARS-F 程序包含等离子体电阻和等离子体旋转,同时利用的是环位形坐标系。等离子体旋转可以屏蔽外加场的渗透,考虑环位形主要是因为共振场的频谱与等离子体形状、线圈的几何位形和安全因子的剖面都与环位形有很大的关系,同时几何位形对等离子体响应起着很重要的作用。MARS-F 程序可以计算理想和电阻等离子体响应。位于真空区域的共振磁扰动线圈中的电流,在程序中直接作为源项进行模拟。

1)电阻、旋转等离子体响应模型

该模型包含电阻、环向平衡流的磁流体方程、共振磁扰动线圈电流方程和真空方程,如下:

$$i(\Omega_{\mathrm{RMP}} + n\Omega)\xi = v + (\xi \cdot \nabla\Omega)R\hat{\phi} \tag{6.1}$$

$$i\rho(\Omega_{\mathrm{RMP}} + n\Omega)\,v = -\nabla p + j \times B + J \times b - \rho[2\Omega\hat{Z} \times v + (v \cdot \nabla\Omega)\,R\hat{\phi}]$$
$$-\rho\kappa_\parallel \,|\,k_\parallel v_{\mathrm{th.\,i}}\,|\,[v + (\xi \cdot \nabla)\,V_0]_\parallel \tag{6.2}$$

$$i(\Omega_{\mathrm{RMP}} + n\Omega)\,b = \nabla \times (v \times B) + (b \cdot \nabla\Omega)\,R\hat{\phi} - \nabla \times (\eta j) \tag{6.3}$$

$$i(\Omega_{\mathrm{RMP}} + n\Omega)\,p = -v \cdot \nabla P - \Gamma P\,\nabla \cdot v \tag{6.4}$$

$$j = \nabla \times b \tag{6.5}$$

$$\nabla \times b = j_{\mathrm{RMP}},\,\nabla \cdot j_{\mathrm{RMP}} = 0 \tag{6.6}$$

$$\nabla \times b = 0,\,\nabla \cdot b = 0 \tag{6.7}$$

其中:R 是等离子体的大半径,$\hat{\phi}$ 是几何环向角 ϕ 的单位矢量,$\hat{Z}$ 是垂直于极面的单位矢量。B、J、P 和 ρ 分别是平衡磁场、平衡电流、平衡压强和平衡密度。b、j、v、p 和 ξ 分别是扰动磁场、扰动电流、扰动速度、扰动压强和扰动位移。n 是环向模数,由于是线性响应,所以在数值模拟的过程中只考虑单个环向模数 n。η 和 $\Gamma = 5/3$ 分别是等离子体电阻和绝热系数。式(6.1)—(6.7)是无量纲的形式,扰动位移、磁场、压强、速度和时间的无量纲因子分别为 R_0、B_0、B_0^2/μ_0、v_A 和 τ_A,其中 B_0 是磁轴 R_0 处的环向真空磁场,$\mu_0 = 4\pi \times 10^{-7}\mathrm{H/m}$ 是真空磁导率,$v_A = B_0/\sqrt{\mu_0\rho_0}$ 是阿尔芬速度,$\tau_A = R_0/v_A$ 是阿尔芬时间。

式(6.1)—(6.5)是在等离子体区域的扰动磁流体方程,径向方向利用有限元方法求解。式(6.6)是真空区域共振磁扰动线圈的电流 $j = j_{RMP}$。式(6.7)是真空区域的扰动磁场。式(6.1)—(6.7)可以自持地解决物理问题,边界条件是计算边界的径向场为零。计算边界位于距离等离子体很远的真空场内(一般情况下,真空区域是等离子体小半径的 6 倍以上)。在程序中,扰动磁场 b 和扰动电流 j 是计算区域(真空和等离子体区域)的全局量,等离子体-真空的边界条件分别为连续的磁场 b 和总扰动压强平衡,在求解整个区域的磁场 b 时,磁场 b 的连续性就自动满足了。在程序中,电流源 j_{RMP} 在径向看成面电流,环向部分沿极向角只有很窄的宽度,沿环向角 ϕ 的变化为 $\exp(in\phi)$,极向部分满足无散度条件。$V_0 = R\Omega\hat{\phi}$ 是平衡环向流速,其中 Ω 是环向旋转的角频率。在式(6.1)—(6.4)中,环向流包含了多普勒频移效应和外加共振磁扰动线圈电流的频率 Ω_{RMP},对于直流共振磁扰动电流,$\Omega_{RMP} = 0$。

式(6.2)中最后一项是平行声波阻尼项,其中 $k_{\parallel} = (n - m/q)/R$ 是平行波数,其中 m 是极向模数,n 是环向模数,q 是安全因子。$v_{\text{th},i} = \sqrt{2T_i/M_i}$ 是热离子速度,T_i 和 M_i 分别是热离子温度和质量。$k_{\parallel}$ 是阻尼系数,比较强的声波阻尼通常设定 $k_{\parallel} = 1.5$。在 ASDEX Upgrade 装置中已经进行了很详细的研究[72],与弱的声波阻尼($k_{\parallel} \ll 1$)相比,比较强的声波阻尼($k_{\parallel} = 1.5$)会在等离子体核心区域降低扭曲模响应,对等离子体边界影响不大。因此,该模型是对标准的磁流体方程的动理学修正。如果等离子体压强接近或超过无壁的比压极限,则需要利用全漂移动理学模型进行研究,即 MARS-K 程序。

下面介绍 MARS-F 程序的模型中与三维磁场响应相关的物理。

(1)线性响应模型

线性响应模型只包含控制边缘局域模实验中的场渗透过程,即等离子体如何对外加扰动场进行响应。在该模型中没有考虑外加场对等离子体平衡流的影响。但与只考虑外加场(不考虑等离子体响应)相比,MARS-F 模型在解释抑制边缘局域模中的随机磁力线问题上前进了一大步。该模型可以用于研究外加磁扰动场对旋转影响不大的实验。但是外加共振磁扰动场导致磁场拓扑结构变化,形成的磁岛宽度与奇异层可比拟时,则非线性效应不能忽略。

（2）几何位形

MARS-F 模型利用的是全环位形和实际的等离子体形状,有利于定量解释实验现象。等离子体形状可以影响等离子体边界的响应,MARS-F 程序已经对上述效应进行了大量的研究[55,73]。在利用 MARS-F 数值研究 MAST 装置中共振磁扰动场响应实验中,发现实验中观察到的密度塌缩现象与 X 点的等离子体扰动位移有关[74]。

（3）电阻-惯性模型

MARS-F 模型中与等离子体对三维磁场响应相关的物理量分别为环向流频率 Ω 和等离子体电阻 η,前者屏蔽外加的真空场（更准确地说是共振部分）,后者允许外加场渗透。MARS-F 模型包含等离子体电阻和等离子体的惯性响应。电阻-惯性模型成立需要满足以下两个条件:①伦德奎斯特数 S 和归一化到阿尔芬频率的等离子体旋转频率 Ω,满足 $Q \equiv S^{1/3}\Omega \le 1$;②电阻扩散时间与等离子体黏滞扩散时间的比值 P,满足 $P \le Q^{3/2}$。对于第一个条件,托卡马克等离子体边界区域通常都满足,即电子温度比较低（$S:10^4 \sim 10^6$）,等离子体旋转比较慢（$\Omega < 10^{-2}$）。第二个条件,等离子体边界需要具有比较低的温度和相对高的密度,例如 $P < 1$。MARS-F 模型通常考虑黏滞为零,所以满足这个条件。在等离子体芯部区域,S 值是 10^8 量级,Ω 值是 10^{-2} 量级,惯性层模型更好一些。

（4）声波阻尼模型

在低压强等离子体中,阻尼项对等离子体响应的影响很小。只有当等离子体压强接近或超过无壁的比压极限时,该项才起作用。在高比压等离子体中,强阻尼机制（平行声波阻尼、动理学阻尼或其他可能的阻尼机制）在等离子体响应过程中起到很重要的作用[75]。

尽管本书中利用的物理模型是相对简单的线性单流体模型,但是该模型已经与不同的程序进行了各方面的校验[76]。在共振磁扰动场的模拟过程中,需要精确地模拟共振磁扰动线圈中电流产生的真空场,这一点也与 ERGOS 程序[77]进行了校验,两者几乎一致[72]。而且在研究与共振磁扰动场相关的边缘局域模控制问题时[76,78],已经证实该模型与很多实验装置中测量的结果定量上一致。该模型也用于数值研究 MAST 装置中的误差场修正实验,在考虑等离子体响应时,与实验结果符合得很好[79]。

2）理想、静态等离子体响应模型

该模型基于电阻、旋转等离子体响应模型,是它的一种特殊形式。式(6.1)、(6.3)和(6.4)中的 $i(\Omega_{RMP} + n\Omega)$ 变为1,式(6.2)中的 $i\rho(\Omega_{RMP} + n\Omega)$ 则直接去掉,并且式(6.1)—(6.5)中关于旋转、电阻和平行声波阻尼项都为零。该模型在数值上与 IPEC 程序等效。因为等离子体中存在有理面,上面约化的理想磁流体方程中的全局线性算子有奇点,没办法直接求解逆矩阵,也就没办法计算等离子体响应。IPEC 程序利用自适应打靶方法来避免直接求解全局线性算子的逆矩阵。为了解决 MARS-F 方程中的奇点问题,在式(6.2)的左面加入很小的惯性项 $i\hat{\rho}v$,其中 $\hat{\rho}$ 为 10^{-3},得到

$$\xi = v \tag{6.8}$$

$$i\hat{\rho}v = -\nabla p + j \times B + J \times b \tag{6.9}$$

$$b = \nabla \times (v \times B) \tag{6.10}$$

$$p = -v \cdot \nabla P - \Gamma P \nabla \cdot v \tag{6.11}$$

$$j = \nabla \times b \tag{6.12}$$

$$\nabla \times b = j_{RMP}, \nabla \cdot j_{RMP} = 0 \tag{6.13}$$

$$\nabla \times b = 0, \nabla \cdot b = 0. \tag{6.14}$$

6.1.2 MARS-K/Q 程序的数值模型

MARS-K/Q 都源于 MARS-F 程序,并进行了进一步的开发。

MARS-K 程序的数值模型同样是利用 MARS-F 程序中的(6.1)—(6.5),动

理学效应通过扰动动理学压强张量 $\boldsymbol{p} = p\boldsymbol{I} + p_\parallel \hat{\boldsymbol{b}}\hat{\boldsymbol{b}} + p_\perp (\boldsymbol{I} - \hat{\boldsymbol{b}}\hat{\boldsymbol{b}})$ 加到磁流体方程中。其中，p 是流体扰动压强，$\boldsymbol{I}$ 为单位张量，$p_\parallel (\xi_\perp)$ 和 $p_\perp (\xi_\perp)$ 分别是动理学扰动压强的平行和垂直分量，$\hat{\boldsymbol{b}} = \boldsymbol{B}/|\boldsymbol{B}|$。压强张量 $\boldsymbol{p}$ 通过动量方程(6.2)自持地加到磁流体方程中，动理学压强张量中的非绝热部分将代替等式(6.4)中 $\Gamma P \nabla \cdot \boldsymbol{v}$ 项，形成一个自洽的系统。已经利用 MARS-F 程序数值研究了 DIII-D 装置中高比压等离子体，考虑动理学效应时与实验中的结果符合得更好[80]，不仅可以与实验中的扰动磁场吻合，同时也与软 X 射线测量的内部等离子体扰动位移符合得很好。但是多数的边缘局域模控制实验中，等离子体比压远小于无壁的比压极限，因此流体模型足以得到很好的数值结果。

MARS-Q 程序是准线性模型，可以描述三维磁扰动场的渗透过程。该模型包括等离子体对环向动量平衡的响应，包含源项、损耗项和扩散项，损耗项来源于流体电磁矩和新经典环向黏滞矩。

该模型是线性等离子体对等离子体环向动量平衡的响应，包含单个环向模数，等离子体响应基本是线性的，唯一的非线性项是同一环向模数之间的相互耦合。通常外加扰动磁场的幅值很小，所以忽略其对等离子体平衡的修正。由于动量阻尼、外加三维扰动场对环流产生很重要的影响，反过来，阻尼流又会影响等离子体对外加场的响应。该模型包含了非线性的耦合，所以称为准线性共振扰动场渗透模型。下面介绍该模型包含的两个部分，分别为等离子体响应和环向动量平衡，如下：

$$\left(\frac{\partial}{\partial t} + in\Omega\right)\xi = \boldsymbol{v} + (\xi \cdot \nabla\Omega) R\hat{\phi} \tag{6.15}$$

$$\rho\left(\frac{\partial}{\partial t} + in\Omega\right)\boldsymbol{v} = -\nabla p + \boldsymbol{j} \times \boldsymbol{B} + \boldsymbol{J} \times \boldsymbol{b} - \rho[2\Omega\hat{\boldsymbol{Z}} \times \boldsymbol{v} + (\boldsymbol{v} \cdot \nabla\Omega) R\hat{\phi}]$$

$$- \rho\kappa_\parallel |k_\parallel v_{\text{th.i}}| [\boldsymbol{v} + (\xi \cdot \nabla) \boldsymbol{V}_0]_\parallel \tag{6.16}$$

$$\left(\frac{\partial}{\partial t} + in\Omega\right) b = \nabla \times (\boldsymbol{v} \times \boldsymbol{B}) + (\boldsymbol{b} \cdot \nabla\Omega) R\hat{\phi} - \nabla \times (\eta\boldsymbol{j}) \tag{6.17}$$

$$\left(\frac{\partial}{\partial t} + in\Omega\right) p = -\boldsymbol{v} \cdot \nabla P - \Gamma P \nabla \cdot \boldsymbol{v} \tag{6.18}$$

$$j = \nabla \times b, \qquad\qquad (6.19)$$

$$\frac{\partial \Delta L}{\partial t} = D(\Delta L) + T_{\text{NTV}}(\omega_{\text{E}}^0 + \Delta\Omega) + T_{\text{j}\times\text{b}}, \qquad (6.20)$$

式(6.15)—(6.19)是等离子体响应模型。式(6.20)是环向动量平衡方程，其中 $L = \rho\langle R^2 \rangle \Omega$ 是平均的环向动量。D 是箍缩项，$D = \frac{G}{s}\frac{\partial}{\partial s}\frac{s}{G}\Big[\chi_{\text{M}}\langle\,|\nabla s|^2\rangle\frac{\partial L}{\partial s} + V_{\text{pinch}}\langle\,|\nabla s|\rangle L\Big]$，$G \equiv F\langle 1/R^2 \rangle$，其中 s 是径向坐标，F 是平衡极向电流通量，χ_{M} 是环向动量扩散系数，V_{pinch} 是箍缩速度。T_{NTV} 是新经典环向黏滞矩的环向部分，ω_{E}^0 未外加三维扰动场前的环向 $E \times B$ 漂移频率。$T_{\text{j}\times\text{b}} = \oint R j \times b \cdot \hat{\phi}\,\mathrm{d}S / \oint \mathrm{d}S$ 是环向电磁矩，S 是磁通面。该方程需要两个边界条件，分别为等离子体中心和等离子体边界处，在等离子体中心为 $\partial\Delta L / \partial s = 0$，在等离子体边界为固定边界条件。

准线性模型用于在全环几何位形下研究三维扰动场渗透和旋转制动的物理问题。该模型主要包括非线性的相互作用，分别为外加扰动场对等离子体环向旋转的阻尼作用和等离子体旋转对外加扰动磁场的屏蔽作用。环向动量平衡包含两个环向力矩，分别为电磁矩（流体效应）和新经典环向黏滞矩（动力学效应）。在求解磁流体方程时，利用的是全隐式，自适应的时间步长可以加速求解过程。已经利用 MARS-Q 程序数值模拟外加三维场的渗透过程，等离子体对外加扰动场的响应会产生更大的径向新经典黏滞矩，而电磁矩则小一些，这并不是普遍的现象，只有在特定平衡下才能得到该物理现象[81]。

6.2　等离子体响应优化判据的定义

实验中观察到边缘局域模的缓解/抑制依赖于共振磁扰动线圈中电流相位差的选取。为了将数值模拟与实验结果相结合，需要定义适当的判定方法。

前两个判定方法是基于直场线坐标系下的径向共振磁扰动场(环向角是几何坐标,极向角的雅克比是 $J = q\psi'R^2/F$,其中 ψ' 是平衡磁通对应小半径的微分,F 是平衡极向电流通量)。对于给定的环向模数,靠近等离子体边界最外层有理面的真空共振扰动场或总共振扰动场(包括等离子体响应)的幅值为

$$b_{\text{res}}^1 = \left| \left(\frac{\boldsymbol{b} \cdot \nabla\psi}{\boldsymbol{B}_{\text{eq}} \cdot \nabla\phi} \right)_{mn} \right| \frac{1}{R^2} \qquad (6.21)$$

其中,$\boldsymbol{b}$ 是扰动磁场,ψ 是极向平衡磁通,$\boldsymbol{B}_{\text{eq}}$ 是平衡磁场,ϕ 是环向角,R 是大半径。因为对平衡等离子体边界的 X 点进行了处理,使 X 点变得光滑,这种方法可以得到有限的边缘安全因子,所以可以选用最外层有理面的共振磁扰动场这种判定方法。

后两个判定方法是等离子体的扰动位移。由于等离子体对外加共振扰动场响应产生扰动位移,所以不讨论真空近似模型下的等离子体扰动位移。我们将考虑 X 点和外中平面的等离子体扰动位移。利用 MARS-F 程序数值模拟 MAST 装置中边缘局域模控制实验[82],已经证实与共振磁扰动场引起密度塌缩(MAST 装置中的边缘局域模缓解实验中经常观察到该现象)最相关的物理量是 X 点处的等离子体扰动位移,即在 MAST 装置中,使 X 点的扰动位移最大可以最有效地控制 Type I 边缘局域模。在 ASDEX Upgrade 边缘局域模的控制实验中,X 点的扰动位移最大,和/或靠近等离子体边界最外层有理面的共振场幅值最大(包括等离子体体响应)时,可以有效地缓解边缘局域模[55,72]。

6.3 MARS 程序的相关研究成果

6.3.1 MAST 装置中等离子体对共振磁扰动场响应的数值研究

2011 年,刘钺强等人利用 MARS-F 程序数值研究了 MAST 装置中等离子体对共振磁扰动场的响应问题[82]。研究证实了与共振磁扰动线圈产生的真

空场相比,等离子体响应场的幅值大大减小,如图 6.1 所示。磁场的减少强烈依赖于等离子体环向旋转的屏蔽效应。数值计算发现等离子体扰动位移和 MAST 装置实验中观测到的密度塌缩效应之间存在相关性。一般情况下,当等离子体扰动位移在 X 点附近达到峰值时,往往会出现密度塌缩现象,如图 6.2 所示。

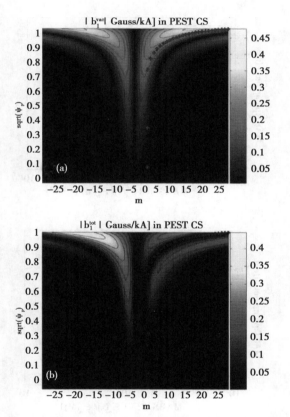

图 6.1　真空近似和考虑等离子体响应下,径向扰动场的极向频谱[82]

2012 年,刘钺强等人利用 MARS-Q 程序数值研究了 MAST 装置中共振磁扰动场渗透问题。该研究包括了等离子体响应、旋转的屏蔽效应、共振和非共振力矩、环向动量平衡几个方面[83]。研究发现等离子体响应显著放大了 MAST 装置中等离子体的共振磁扰动场的非共振分量。由于与等离子体中的连续波共振,快速旋转的等离子体在静态外部磁场的作用下会分散为更多的电磁矩,如图 6.3 所示。在快速等离子体环流情况下,相比于新经典环向黏滞矩,电磁矩更占主导地位。然而,在足够慢的等离子体环流情况下,由于进动漂移共振增强,在所谓的超香蕉平台区,新经典环向黏滞矩在环向动量平衡中发挥重要作用。

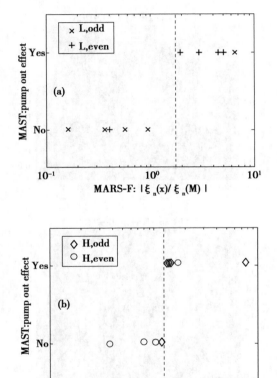

图 6.2 密度塌缩现象与 X 点扰动位移的关系[82]

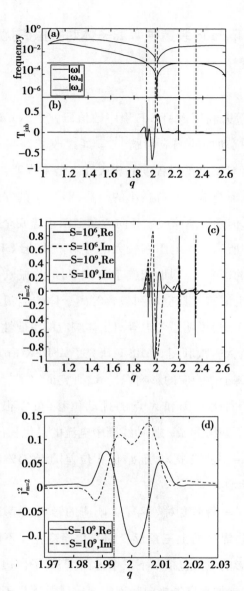

图 6.3　在有限均匀环向旋转情况下，剪切阿尔芬波

和声波诱导的共振面，出现在 $q=2$ 有理面附近[83]

6.3.2　ASDEX-Upgrade 装置中等离子体对共振磁扰动场响应的 数值研究

2015 年,Ryan 等人利用 MARS-F 程序数值研究了 ASDEX-Upgrade 装置中等离子体对共振磁扰动场的响应问题[55]。通过改变等离子体边界的几何形状,研究了剥离响应与 X 点平滑程度的相关性。结果表明,当等离子体边界形状接近 X 点位形时,剥离响应没有减小的趋势,即 X 点的安全因子的大小对剥离响应的影响不大,但是剥离响应在径向方向上随边缘安全因子剖面的变化而发生畸变,如图 6.4 所示。在电阻率较大的等离子体边缘附近,有理面处的磁场分量大小是有限的,并且强烈地依赖于上、下两组共振磁扰动线圈中电流的环向相位差。研究也证实了真空场和包含等离子体响应预测的最优相位差是不同的,两者相差 60°,也说明了考虑等离子体响应的重要性。

2016 年,李莉等人首次利用 MARS-F 研究了 ASDEX-Upgrade 装置中安全因子和三角形变对等离子体响应的影响[84]。该研究证实了包含等离子体响应的最外层有理面的径向扰动场和 X 点的扰动位移,可以很好地预测 ASDEX-Upgrade 装置中上、下两组共振磁扰动线圈中电流的最优相位差,并且对于环向模数为 $n=1,2,3,4$ 共振磁扰动场,最优相位差随着 95% 磁面处的安全因子(q_{95})的增大而线性增大。

该研究也探究了三角形变对等离子体响应的影响。模拟结果表明,最优相位差随着等离子体边界中的上三角形变的变化而变化。不同的等离子体边界对等离子体响应的影响主要包括以下三个方面:等离子体边界与上排共振磁扰动线圈的接近程度、外加真空场极向频谱的变化以及等离子体边界变化引起的等离子体响应的变化。对于 30835 次放电,等离子体对 $n=2$ 共振磁扰动场响应,最优相位差随着上三角位形的增大而下降,如图 6.5 所示。

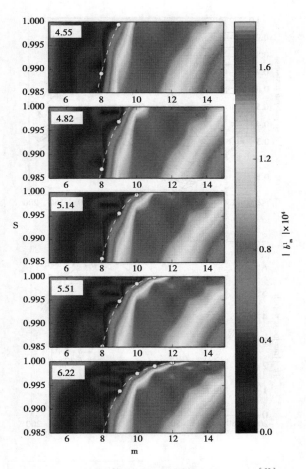

图 6.4　边界处安全因子对磁场分布的影响[55]

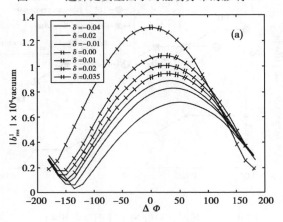

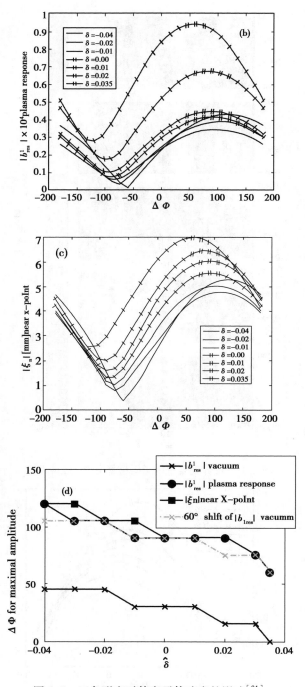

图 6.5　三角形变对等离子体响应的影响[84]

　　2016 年,刘钺强等人利用 MARS-F/K 程序数值研究了 ASDEX-Upgrade 装置中低碰撞率实验中等离子体对共振磁扰动场的响应问题[72]。该研究考虑了不同的等离子体平衡和共振磁扰动线圈结构,对于安全因子比较小的等离子体($q_{95} \sim 3.8$),等离子体对单独每组线圈响应,会产生芯部扭曲不稳定性,并且芯部扭曲不稳定性主要发生在等离子体对低$-n$ 共振磁扰动场响应的情况。当上、下两组线圈产生的共振磁扰动场共同作用于等离子体时,随着上、下两组共振磁扰动线圈中电流环向相位差的改变,芯部扭曲不稳定性会随之加强或消失,也证明芯部扭曲不稳定性与电流相位差有很大的关系。该研究再次证明真空径向扰动场和包含等离子体响应的最外层有理面处的径向扰动场预测的最优相位差是有差别的,相对于安全因子比较小的等离子体($q_{95} \sim 3.8$),两种判定方法预测的最优相位差相差约为 60°;对于安全因子比较大的等离子体($q_{95} \sim 5.5$),两者相差 90°。

　　该研究还利用了 MARS-K 程序研究了与等离子体对共振磁扰动场响应有关的环向力矩,包括共振电磁矩、新经典环向黏滞矩和雷诺应力,如图 6.6 所示。研究表明对于低安全因子等离子体,特别是在等离子体边缘附近,共振电磁矩和新经典环向黏滞矩起主要作用。然而,对于高安全因子等离子体,在整个等离子体区都会产生大量的力矩,电磁矩、新经典环向黏滞矩以及雷诺应力都起着重要的作用。

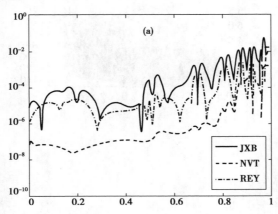

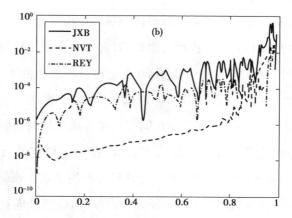

图 6.6 电磁矩、新经典环向黏滞矩和雷诺应力在径向的分布情况[72]

2017 年,Ryan 等人利用 MARS-F 程序数值研究了比压和 q_{95} 对等离子体响应的影响[85]。该研究证实最优相位差(不管是边界最外层有理面处的真空场或是总磁场判定方法)确实是与比压和 q_{95} 有关,等离子体对环向模数为 $n=1,2,3,4$ 共振磁扰动场响应时,在低比压、q_{95} 较大的情况下,最优相位差偏大,如图 6.7 所示。

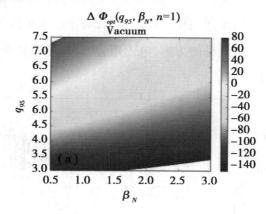

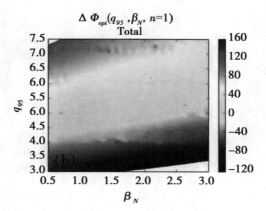

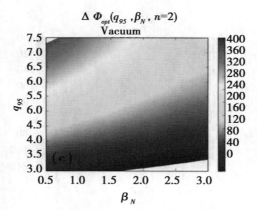

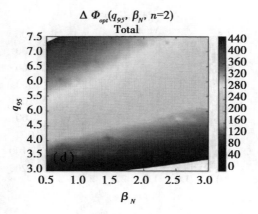

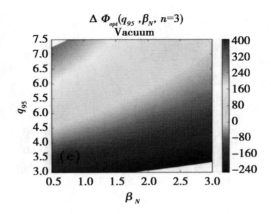

$\Delta \, \Phi_{opt}(q_{95}, \beta_N, n=3)$ Vacuum

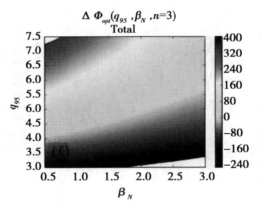

$\Delta \, \Phi_{opt}(q_{95}, \beta_N, n=3)$ Total

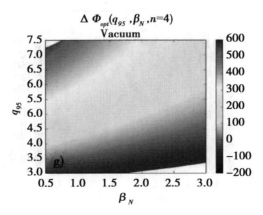

$\Delta \, \Phi_{opt}(q_{95}, \beta_N, n=4)$ Vacuum

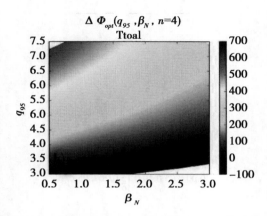

图 6.7　在真空和等离子体响应情况下，比压和 q_{95} 对等离子体响应的影响[85]

2019 年，Ryan 等人利用 MARS-F 数值研究了 ASDEX Upgrate 中三角形变和剥离模在边缘局域模抑制过程中起到的作用[86]。由于高三角形变等离子体边界会使等离子体边界远离共振磁扰动线圈，因此有效真空场会减少，剥离响应也会随之减小。因此，证实高三角形变更有利于边缘局域模的抑制，并不是由于剥离响应的增大造成的。在高三角形变中，共振分量和非共振分量之间的极向谐波耦合随着三角形变的增大而减小，如图 6.8 所示。因此剥离响应对共振响应的驱动可能通过增强极向谐波耦合增强，高三角形变对边缘局域模抑制有利这一假设也被否定。

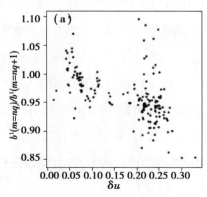

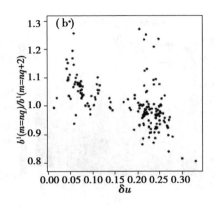

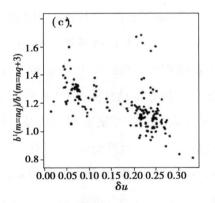

图 6.8　非共振分量之间的极向谐波随着三角形变的变化[86]

2020 年,张能等人利用 MARS-F/Q 程序数值研究了 ASDEX Upgrate 装置放电过程中堆芯的等离子体流阻尼[87]。该研究证实芯部扭曲响应和由此产生的堆芯处流动阻尼在很大程度上取决于等离子体平衡压力、初始流速、线圈相位差和磁轴处的安全因子(q_0)与 1 的接近程度。对于低比压的等离子体,未发现明显的流动阻尼。由于新经典环向黏滞矩增强,相对较慢的初始环向流会形成更强的堆芯流阻尼。q_0 离 1 较远时,则可获得较弱的流动阻尼。系统地扫描电流相位差发现,在电流相位差约 20 °(200 °)会出现最强(最弱)的流动阻尼,与实验定量一致,如图 6.9 所示。

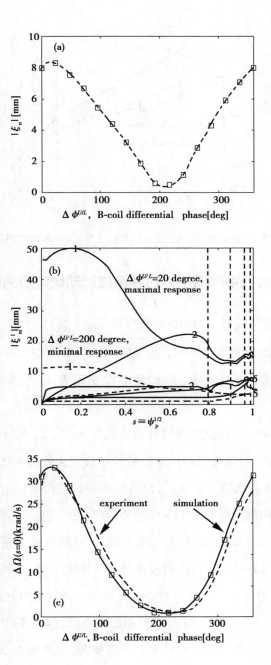

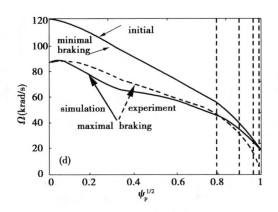

图 6.9 数值模拟与实验中测量的位移、等离子体比压和旋转阻尼定性一致[87]

6.3.3 EAST 装置中等离子体对共振磁扰动场响应的数值研究

2016 年,杨旭等人利用 MARS-F 程序对 EAST 装置中有代表性的边缘局域模控制实验进行系统的数值研究[88]。利用 EAST 装置中 52340、56360 和 55272 三次放电的二维等离子体平衡,并利用 EFIT 平衡程序[89]进行平衡重建,如图 6.10 所示。

首先,在 52340 次放电中,扫描环向模数为 $n = 1$,2,3,4 共振磁扰动线圈中电流的相位差,并得到电流相位差对最外层有理面处径向扰动场的影响。研究表明,外加 $n = 1$ 共振磁扰动场时,扫描线圈相位差得到靠近等离子体边界最外层有理面处径向扰动场幅值的变化趋势,真空场与包含等离子体响应的总扰动场的对比,其中真空场的最大幅值发生在上、下两组共振磁扰动线圈中电流的环向相位差为 $\Delta\Phi = 315°$ 时,然而包含等离子体响应时,总扰动场的最大幅值在 $\Delta\Phi = 15°$。考虑等离子体响应与真空近似相比,最优的相位差(最大的 b_{res}^1)相差 $60°$(或 $-300°$)。对于外加 $n = 2$ 共振磁扰动场,包含等离子体响应,总扰动场的最大值发生在 $\Delta\Phi = 270°$,而只考虑真空场时,最大值在 $\Delta\Phi = 195°$,两者相差 $75°$。外加 $n = 3$ 的共振磁扰动场,真空近似的扰动场最大值在 $\Delta\Phi = 60°$,而包含等离子体响应的总扰动场则在 $\Delta\Phi=135°$,相差 $75°$。外加 $n=4$ 共振磁扰动场,真空近似与包含等离子体响应的总扰动场最大值的相位差也相差 $75°$。但是对于不同的环向模数 n,最优相位差(真空场或总响应场)都会有很大的变化,如图 6.11 所示。

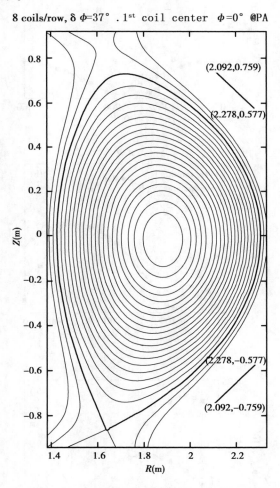

图 6.10　EAST 装置中 52340 次放电重建的
平衡磁面,并包括上、下两组边缘局域模控制线圈[88]

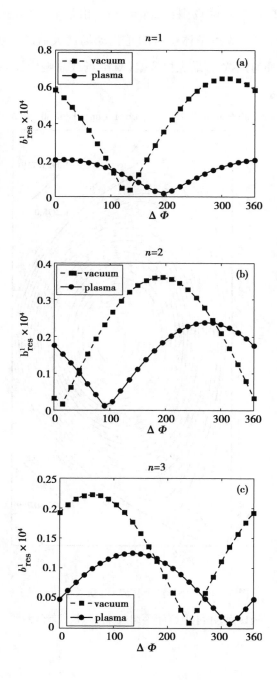

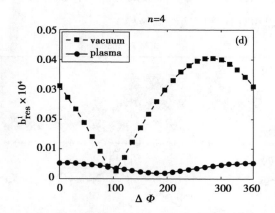

图 6.11　数值模拟 EAST 装置中 52340 次放电得到靠近等离子

体边界最外层有理面处的径向扰动场[88]

　　其次,数值模拟了 EAST 装置 56360 次边缘局域模缓解的放电实验。在实验中观察到利用 $n=2$ 共振磁扰动场实现了边缘局域模的缓解,图 6.12 是实验中观察到的现象。在 3.1 ~ 4.6 s 放电过程中加入 $n=2$ 的共振磁扰动场,分为两个不同的时期:3.1 ~ 3.9 s 是上、下两组外加共振磁扰动线圈电流相位差为 $\Delta\Phi = 270$ °,3.9 ~ 6.4 s 电流相位差为 $\Delta\Phi = 90$ °。而不同相位差的共振磁扰动场对边缘局域模和电子密度的影响也完全不同。当线圈相位差 $\Delta\Phi = 270$ °时,边缘局域模的频率有明显的增加(缓解效应),同时会引起很大的密度塌缩。然而当 $\Delta\Phi = 90$ °时,共振磁扰动场对边缘局域模和等离子体参数的影响则很小。在 ASDEX Upgrade[40,55,72]装置中,利用外加 $n=2$ 的共振磁扰动场缓解边缘局域模的数值模拟中也得到了同样的结论。

　　只考虑真空场的极向频谱,发现与线圈相位差 $\Delta\Phi = 270$ °相比,$\Delta\Phi = 90$ °会产生更大的共振频谱,与图 6.12 中实验观察到的现象相反。然而考虑等离子体响应时,线圈相位差 $\Delta\Phi = 90$ °和 $\Delta\Phi = 270$ °,都会产生很强的屏蔽效应,但是 $\Delta\Phi = 270$ °时响应得到更大的径向扰动场,而且在 X 点和中平面处,也会产生更大的等离子体扰动位移,图 6.13 中可以更加清晰地观察到这一现象。证实当等离子体边缘处的共振场和/或 X 点处的等离子体扰动位移达到最大时,此时的电流相位差可以更好地缓解边缘局域模。

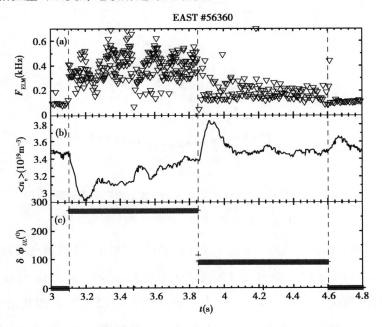

图 6.12　EAST 装置中 56360 次放电中,外加共振磁扰动线圈

电流相位差对边缘局域模的频率、平均电子密度的影响[88]

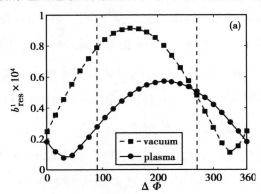

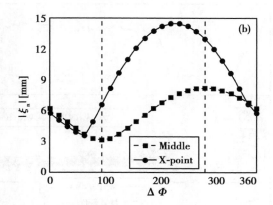

图 6.13　真空近似和考虑等离子体响应两种情况下最外层有理面处的径向

共振扰动场,及 X 点和中平面处的等离子体扰动位移幅值[88]

最后,数值模拟了 EAST 装置中 55272 次边缘局域模抑制的放电实验,利用 $n=1$ 共振磁扰动场可以完全抑制 Type I 边缘局域模,这是非常令人振奋的实验结果,并且已经证实 EAST 装置中边缘局域模的抑制是可以重复的[90]。

实验可以观察到边缘局域模的抑制与上、下两组共振磁扰动线圈电流相位差有很强的依赖关系,可以观察到电流相位差在 $\Delta\Phi=55° \sim 120°$ 时可以完全抑制边缘局域模,同时伴随着 25% 的密度塌缩。考虑等离子体响应时,MARS-F 程序计算得到最优相位差与实验中抑制边缘局域模的范围一致,而由 MAPS 程序计算的真空场则不能很好地预测抑制边缘局域模的最优相位差,如图 6.14 所示。

2018 年,贾曼妮等人首次在 EAST 装置放电实验中对环向模数为 $n=1$ 和 $n=2$ 的共振磁扰动场进行了旋转和相位差的扫描[91]。偏滤器靶板上的粒子通量与共振磁扰动场的旋转和相位差同步变化。同时该研究利用 MARS-F 对等离子体响应进行了数值模拟。等离子体对具有不同频谱的 $n=2$ 共振磁扰动场响应时,会得到放大或屏蔽效应,如图 6.15 所示。与真空模拟结果相比,屏蔽效应使磁场渗透更少,并且等离子体响应会改变磁场的渗透深度,但不改变渗透区域的形状,这一点也被 EAST 装置中的实验所证实。

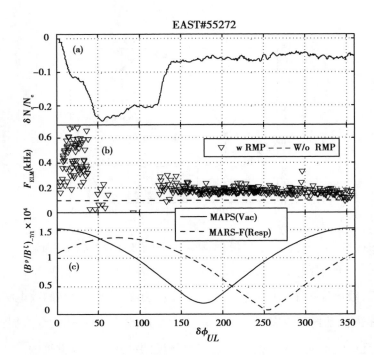

图 6.14　EAST 装置中 55272 次放电实验,外加 $n=1$

共振磁扰动场成功抑制边缘局域模[88]

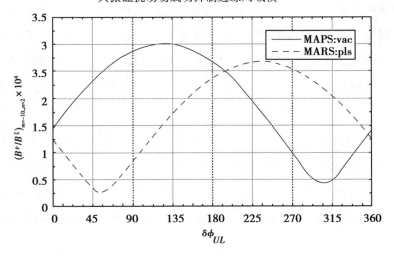

图 6.15　MARS-F(包含等离子体响应)和 MAPS(真空场)程序数值

模拟的扰动磁场随上、下两组共振磁扰动线圈电流相位差的改变[91]

6.3.4　DIII-D 装置中等离子体对共振磁扰动场响应的数值研究

2019 年,杨旭等人利用 MARS-F 程序数值研究了 DIII-D 装置中等离子体对 $n=2$ 共振磁扰动场(上、下两组线圈中电流环向相位差 $=0\,°$)响应的实验。该研究利用了电阻、旋转等离子体响应模型和理想、静态等离子体响应模型,该研究的重点是解释 q_{95} 和 100% 磁面处安全因子(q_a)对等离子体响应的影响[92]。

首先,数值研究了 q_{95} 和 q_a 对等离子体响应的影响,其中通过改变等离子体电流获得不同的 q_{95},通过改变 X 点附近的等离子体边界改变 q_a。该研究证实无论是利用电阻、旋转等离子体响应模型还是理想、静态等离子体响应模型,在低场区（2.413, 0）、高场区-A（0.978, 0.07）和高场区-B（0.978, -0.069）磁场测量线圈处都观察到等离子体响应的跳变,跳变的曲线满足 $q_a=0.08/(q_{95}-3.6)+4.77$,$q_a=0.08/(q_{95}-4.05)+5.3$ 和 $q_a=0.08/(q_{95}-4.5)+5.85$。并且可以观察到不管是低场区、高场区-A 还是高场区-B 的极向场,相比于电阻、旋转等离子体响应模型,理想、静态等离子体响应模型都过渡得比较光滑,同时也证实 q_{95} 和 q_a 确实对等离子体响应产生很大的影响。固定 q_{95},跳变之后,等离子体响应几乎不会随着 X 点光滑程度的改变而改变,即当 q_a 足够大时,等离子体响应不随着 q_a 的增大而改变,如图 6.16 至图 6.18 所示。

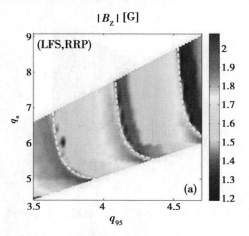

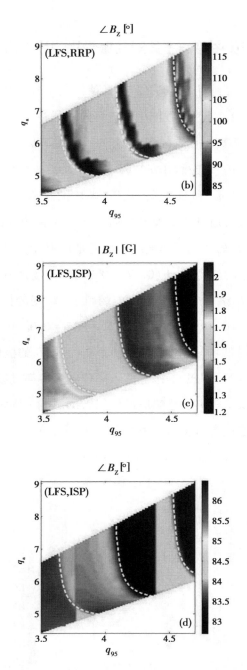

图 6.16　利用电阻、旋转等离子体响应模型和理想、静态等离子体响应模型，

q_{95} 和 q_a 对低场区磁场测量线圈测得的极向场幅值和相位的影响[92]

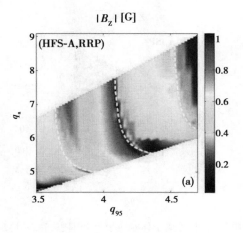

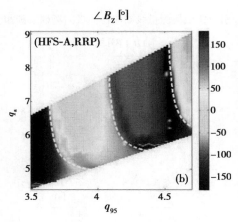

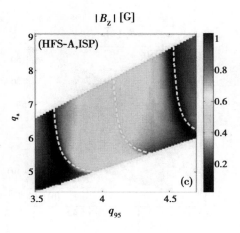

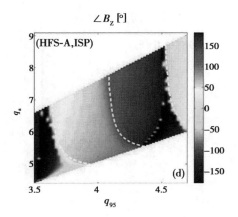

图 6.17　利用电阻、旋转等离子体响应模型和理想、静态等离子体响应模型，

q_{95} 和 q_a 对高场区-A 磁场测量线圈测得的极向场幅值和相位的影响[92]

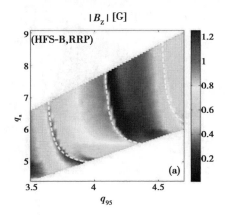

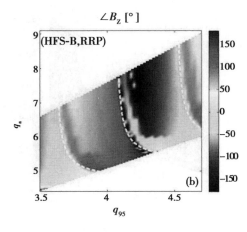

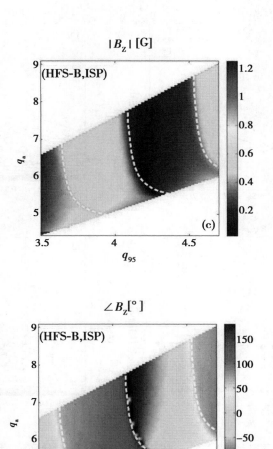

图 6.18　利用电阻、旋转等离子体响应模型和理想、静态等离子体响应模型，

q_{95} 和 q_a 对高场区-B 磁场测量线圈测得的极向场幅值和相位的影响[92]

　　其次，固定 q_{95}，数值研究了 q_a 对等离子响应的影响。研究证实较大的响应场和 X 点处的扰动位移与边缘-剥离响应有关，是产生跳变的原因，如图 6.19 所示。同时也观察到利用电阻、旋转等离子体响应模型得到的跳变会更加明显。

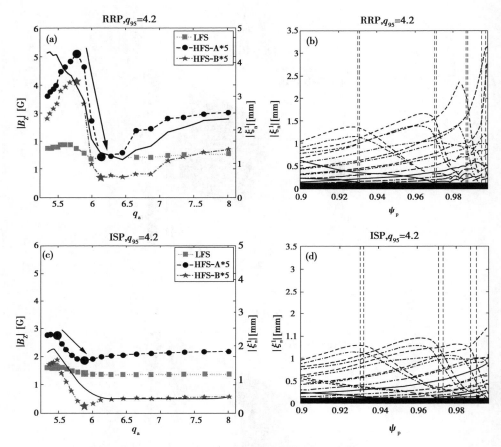

图 6.19   固定 $q_{95}=4.20$,q_a 对低场区和高场区极向场幅值的影响,和固定

$q_{95}=4.20$,且 $q_a=5.78$ 和 $q_a=6.13$ 时得到的等离子体扰动位移[92]

最后,研究了 q_{95} 对等离子体响应的影响,结果表明等离子体对外加共振磁扰动场的响应依赖于 q_{95}。扫描 q_{95} 时,高场区和低场区的响应场仍然会出现跳变。同样的,电阻、旋转等离子体响应模型会出现更大的跳变,如图 6.20 所示。

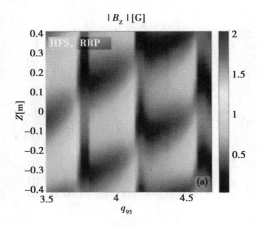

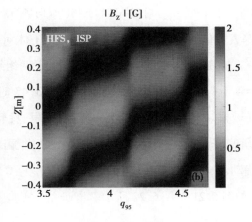

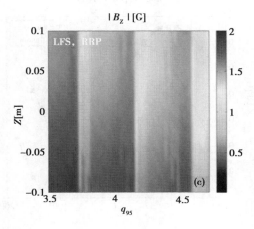

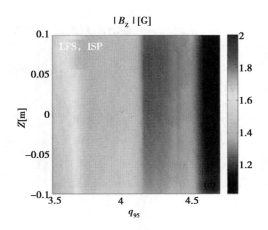

图 6.20　固定等离子体边界，q_{95} 对高场区和低场区极向场的幅值的影响[92]

　　2020 年，杨旭等人数值研究了 DIII-D 装置中等离子体对 $n=2$ 和 $n=3$ 共振磁扰动场的响应[93]。在 DIII-D 装置实验中，固定上、下两组线圈电流环向相位差$=0$ °，证实了 $q_{95}=4.1$ 时 $n=2$ 共振磁扰动场和 $q_{95}=3.47$ 时 $n=3$ 共振磁扰动场，可以抑制边缘局域模。该研究证实无论是利用电阻、旋转等离子体响应模型，还是理想、静态等离子体响应模型，$q_{95}=4.1$ 时 $n=2$ 共振磁扰动场和 $q_{95}=3.47$ 时 $n=3$ 共振磁扰动场，上、下两组线圈电流环向相位差$=0$ °时，可以得到更大的等离子体响应场，如图 6.21 至图 6.22 所示。该研究与实验中的结果一致。

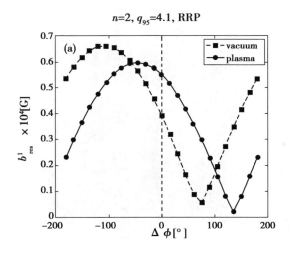

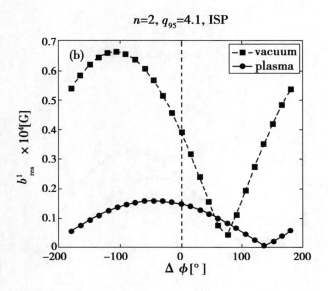

n=2, q_{95}=4.1, ISP

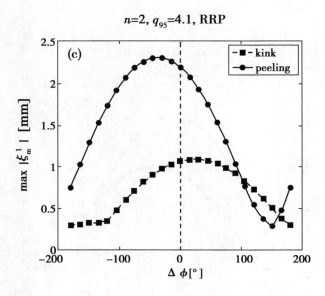

n=2, q_{95}=4.1, RRP

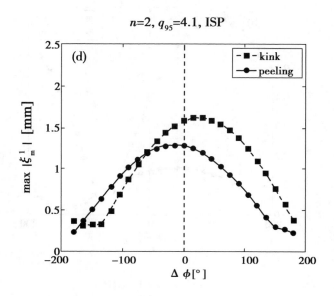

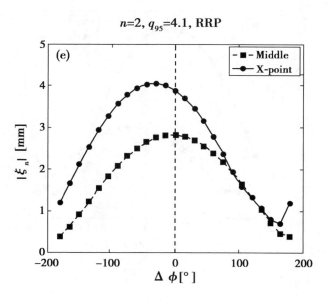

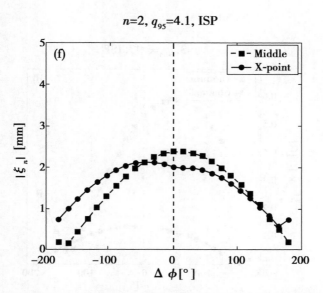

图 6.21　利用电阻、旋转等离子体响应模型和理想、静态等离子体响应模型，$q_{95}=4.1$ 时，

外加 $n=2$ 共振磁扰动线圈电流的相位差对等离子体响应场的影响[93]

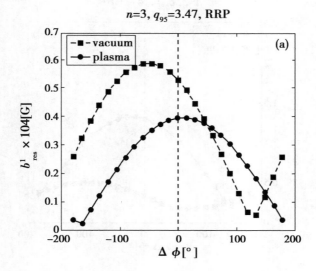

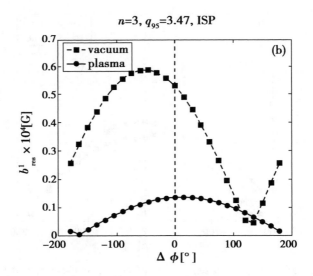

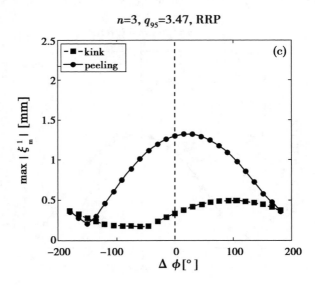

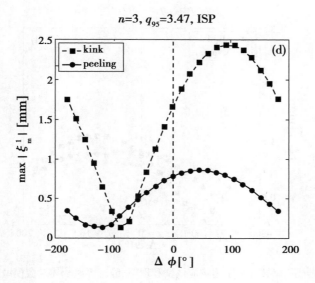

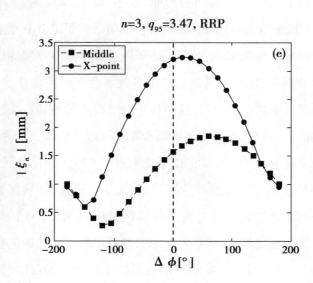

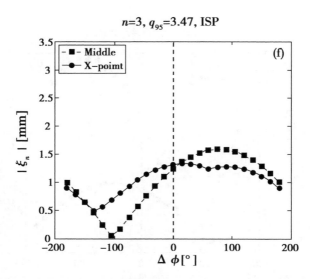

图 6.22　利用电阻、旋转等离子体响应模型和理想、静态等离子体响应模型，$q_{95}=3.47$ 时，

外加 $n=3$ 共振磁扰动线圈电流的相位差对等离子体响应场的影响[93]

2021 年，刘钺强等人利用 MARS-F 程序数值研究了 DIII-D 装置中等离子边界位形对等离子体响应的影响[94]。等离子体边界由单零点偏滤器位形演变为双零点位偏滤器形的过程中，其他的平衡参数不会大幅度变化，等离子体响应由边缘剥离模向芯部扭曲模过渡，这两种不稳定模式的转换取决于等离子体平衡。边缘剥离响应导致在等离子体顶部和底部附近产生较大的等离子体扰动，而芯部扭曲响应在等离子体外侧的中平面附近产生较大的扰动。

该研究表明在双零点偏滤器位形中，相比于低场区，高场区的等离子体响应场会更小。DIII-D 装置中的等离子体屏蔽效应很明显，但是放大效应却很小。相比于单零点偏滤器位形，双零点偏滤器位形的径向场频谱整体振幅约大 35%，负极向模数的非共振分量的振幅相对较小。上单零点位形、双单零点位形和下单零点位形三种不同的等离子体位形的总频谱相似，如图 6.23 所示。在数值研究的过程中，观察到在上、下单零点偏滤器位形中，等离子体在高场区会产生有限的扰动磁场，而在双零点位形中则没有。

该研究的另一个关键发现是等离子体扰动位移比（在等离子体顶部或底部附近的扰动位移与在外侧中平面处的扰动位移的比值）的变化，与等离子体边界形状中的上、下不对称因子相对应。而在双零点偏滤器位形时，位移比始终是最小值。通过仔细地设计平衡，该研究证实等离子体响应（以及扰动位移比）的差异主要来自等离子体位形的改变。

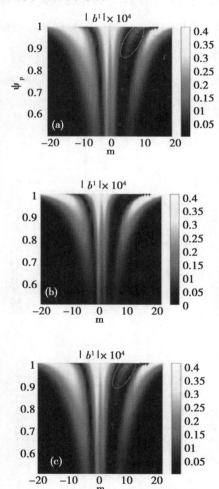

图 6.23　（a）下单零点位形、（b）双单零点位形和（c）上单零点位形中，
等离子体对 $n=3$ 共振磁扰动场响应的径向场频谱[94]

6.3.5 COMPASS 装置中等离子体对共振磁扰动场响应的数值研究

2016 年,Markovic 等人研究了 COMPASS 装置中等离子体对共振磁扰动场的响应[95]。在该研究中,利用安装在 COMPASS 装置中的 104 个鞍形线圈测量了等离子体对两个不同极向频谱的 $n=2$ 共振磁扰动场的响应场。实验结果表明,响应场与原始扰动场的相位相反。MARS-F 程序数值结果表明,两个不同极向频谱的 $n=2$ 共振磁扰动场都被等离子体很好地屏蔽了。实验测量的等离子体响应场与数值模拟的等离子体响应场的比较表明,在大多数极向角上都有很好的一致性,但中平面低场区域除外,在该区域存在一定的差异,如图 6.24所示。

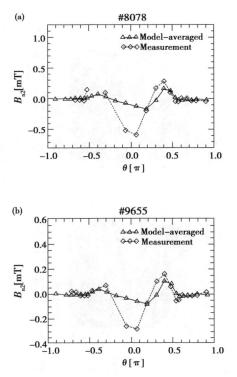

图 6.24　实验测量的等离子体响应场与 MARS-F 程序数值

获得的等离子体响应场的比较[95]

6.3.6 ITER 装置中等离子体对共振磁扰动场响应的数值研究

2011 年,刘钺强等人利用 MARS-F 程序对 ITER 装置中 15 MA 高约束等离子体中共振磁扰动响应场进行了研究[82]。主要研究了等离子体旋转幅值(等离子旋转剖面不变)对等离子体响应的影响,在大约 0.01% 的阿尔芬转速下,有理面上的等离子体响应振幅可以达到真空水平,如图 6.25 所示。随着等离子体转速的降低,等离子体扰动位移迅速增加。

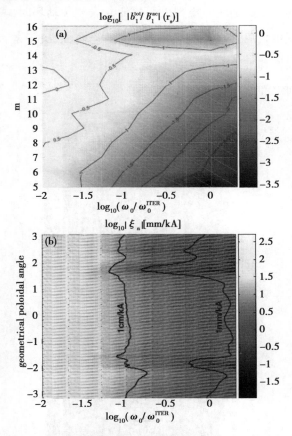

图 6.25   等离子体旋转的屏蔽效应对等离子体响应的影响[82]

2015 年,刘钺强等人利用 MARS-F/Q 程序数值研究了 ITER 装置中 15MA 高约束等离子体中,容器内部边缘局域模控制线圈产生的环向模数为 $n=3$

和 $n=4$ 的共振磁扰动场的线性和准线性等离子体响应[96]。该研究分别利用了单流体和流体动理学混合模型,与单流体近似相比,考虑漂移动理学效应不会很显著地改变 ITER 装置中的等离子体响应。全环向漂移动理学模型用于计算新经典黏滞矩,其结果接近基于几何简化的解析模型获得的解析结果。ITER 装置中等离子体对低环向模数 n 共振磁扰动场响应时,计算的新经典黏滞矩通常小于共振电磁矩。MARS-F 程序的线性响应计算表明,与现有托卡马克装置中等离子芯部的强扭曲响应相反,ITER 装置中的芯部扭曲响应较弱,如图 6.26 所示。包含不同力矩的准线性模型表明外加共振磁扰动场时,等离子体环向流会在边缘附近发生阻尼。这种局部旋转阻尼的强弱,取决于是否存在不稳定的边缘剥离模。线性和准线性响应对比,等离子体对 $n=3$ 和 $n=4$ 共振磁扰动场响应未发现任何定性的差异。

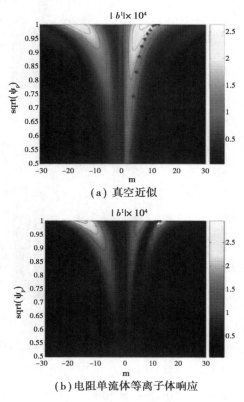

(a) 真空近似

(b) 电阻单流体等离子体响应

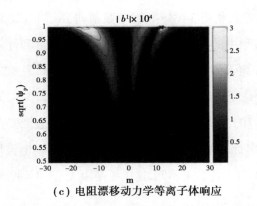

（c）电阻漂移动力学等离子体响应

图 6.26　等离子体对 $n=3$ 共振磁扰动场响应得到的径向扰动场的极向频谱[96]

2017 年,李莉等人数值研究了 ITER 装置中 15 MA 高约束等离子体和 9 MA 等离子体,聚变能量增益因子为 $Q=5$ 稳态等离子体对共振磁扰动场的响应[97]。该研究探讨了 ITER 装置中共振磁扰动线圈的设计对不同等离子体情况下的适用性,特别是 q_{95} 的改变。在改变 q_{95} 的过程中,最优相位差 $\Delta\phi$ 和 q_{95} 之间满足下列关系:$nq_{95} + c_n(nq_{95}) = a_n[\Delta\phi + 180°(2k+1) - \phi_n]$,对于不同的环向模数 n,对应的 c_n,a_n,ϕ_n 见表 6.1。

表 6.1　不同的环向模数 n,对应的 c_n,a_n,ϕ_n 值[97]

n	c_n	a_n	$\phi_n(b^1_{vac})$	$\phi_n(b^1_{pls})$	$\phi_n(|\xi_n|\,\text{X-point})$
1	−0.023	0.023	−170°	−105°	−105°
2	−0.023	0.038	−85°	−10°	−10°
3	−0.012	0.049	−20°	60°	60°
4	−0.012	0.040	5°	85°	85°

该研究探讨了应用混合环向频谱的可能性,特别是 $n=3$ 和 $n=4$ 共振磁扰动场的组合。在扫描混合的 $n=3$ 和 $n=4$ 共振磁扰动场之间的加权系数 α_2,满足 $b=(1-\alpha_2)b_{n=3}+\alpha_2 b_{n=4}$。研究结果表明,$\alpha_2 \sim 0.5$,等离子体沿环向角的扰动位移在局部急剧减小,如图 6.27 所示。这为利用混合环向频谱减少由于外加共振磁扰动场而引起的局部热通量提供了可能。

2020 年,李莉等人利用 MARS-F 程序数值研究了 ITER 装置中前核反应阶段到核反应阶段过程中的 5 种平衡剖面,通过 X 点附近和外侧中平面处的扰动位移判定方法对等离子体响应进行量化[98]。在两种高聚变能量增益因子 Q 值氘-氚方案(相同等离子体电流为 15 MA,相同磁场为 5.3 T,但不同的聚变能量增益因子,$Q=5$ 和 10)得到的最佳相位差近似。对于边缘安全因子 $q_{95}=3$ 与其他类似的 ITER 方案,预测的最佳相位差也近似。对于半电流场(7.5 MA/5.3 T)情况下,最优相位差与上述结果不同,这主要是由于 q_{95} 不同,该研究也证明 q_{95} 对等离子体响应的重要影响。

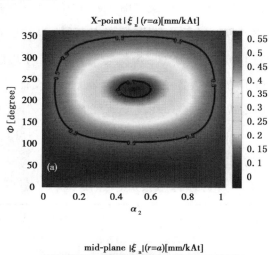

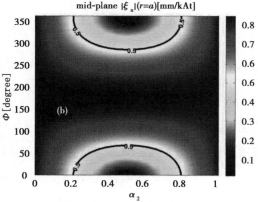

图 6.27　等离子体扰动位移随着权重 α_2 和上、下两组线圈电流相位差的变化[97]

6.3.7　未来装置中边缘局域模控制线圈的优化设计

1) ITER 装置上边缘局域模控制线圈的优化设计

2016 年,周利娜等人利用 MARS-F 程序对 ITER 装置中的共振磁扰动线圈的几何位形进行了优化[99]。目前,ITER 装置设计了三组共振磁扰动场线圈,每组都由 9 个线圈组成,一共安装了 27 个共振磁扰动场线圈。这三组线圈分别位于中平面上侧、中平面和中平面下侧三个位置,分别简称为上、中、下线圈。

研究表明,目前设计的上、下两组共振磁扰动线圈接近最佳极向位置。然而,目前设计的上、下两组线圈的极向宽度则是次优的。同时证实 ITER 装置目前设计的中排线圈的极向宽度接近最优值,如图 6.28 所示。该研究表明,通过将 ITER 装置中的中排共振磁扰动线圈从设计的径向位置(内部真空容器内)向外(外部真空容器外)移动,等离子体响应幅度急剧降低,且衰减率与环向模数和极向宽度有关。因此,通过上、中、下三组线圈的组合,目前 ITER 装置中设计的线圈可以实现对边缘局域模的有效控制。

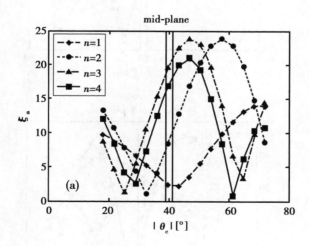

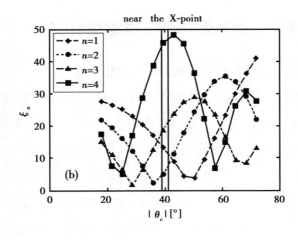

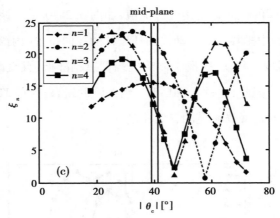

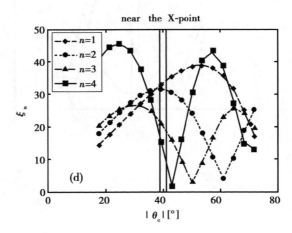

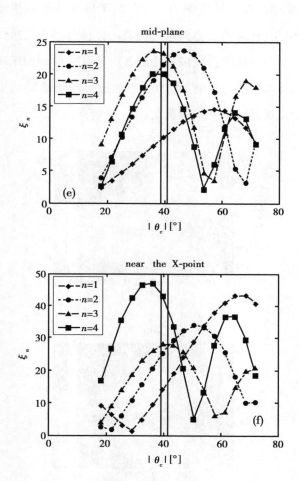

图 6.28　扰动位移与极向宽度的关系[99]

2) EU DEMO 装置上边缘局域模控制线圈的优化设计

2018 年,周利娜等人利用 MARS-F 程序对 EU DEMO 上边缘局域模控制线圈的几何位形(包括径向位置、极向位置和极向宽度)进行了设计[100],研究了三种可能的径向位置对等离子体响应的影响,分别为紧挨第一真空壁的内侧、紧挨第一真空壁的外侧和紧挨真空双壁的外侧。当只利用中组线圈控制边缘局域模时,利用 $n>2$ 的共振磁扰动场,最优的极向宽度为 $30° \sim 50°$。在相同的线圈电流下,对于低 n 的共振磁扰动场,容器外线圈可以与容器内线圈一样有效,但代价是需要增加容器外线圈的尺寸。对于低 n 共振磁扰动场,假设最大线圈电流为 300 kAt,计算的 X 点附近的等离子体位移很容易达到 10 mm 以上,如图 6.29 所示,会对导体壁造成很大的危害。该研究对 EU DEMO 装置中部分控制线圈故障的风险也进行了评估,为了有效地控制边缘局域模,可能需要用误差场线圈来校正谐波分量产生的扰动。

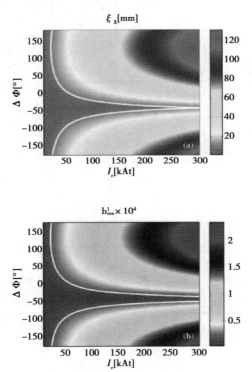

图 6.29　响应场与线圈电流幅值和相位的关系[100]

6.3.8　利用解析平衡数值研究等离子体对共振磁扰动场的响应

2012 年,刘钺强等人在简单的环形托卡马克平衡的基础上,运用 MARS-F 程序进行了数值研究。该平衡中的平衡电流密度设定为 $\langle J_\varphi \rangle = J_\varphi^0 (1 - s^2)$；平衡压强设定为 $P = P_0 (1 - s^2)^2$；平衡旋转频率设定为 $\Omega = 10^{-3} \omega_A$。

该研究证实旋转、电阻等离子体对静态共振磁扰动场的线性响应会导致电磁矩在径向进行重新分布。由于等离子体旋转的屏蔽效应,以及阿尔芬波和连续声波的共振,计算的电磁矩在几个径向位置达到峰值,如图 6.30 所示。当等离子体电阻率较大时,这些峰值趋向于合并在一起形成相对整体的电磁矩分布[101]。

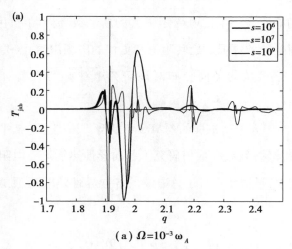

（a）$\Omega = 10^{-3}\omega_A$

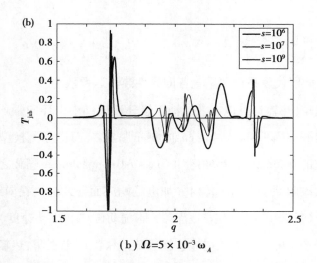

（b）$\Omega = 5 \times 10^{-3}\omega_A$

图 6.30　不同的伦德奎斯特数参数下对应的电磁转矩

2013 年,刘钺强等人利用 MARS-Q 程序数值研究了共振磁扰动场进入等离子体中的渗透原理[81]。该模型包括线性流体等离子响应和环向动量平衡方程响应的耦合,该方程包括流体产生的电磁矩和动力学效应产生的新经典环向黏滞矩。该模型建立了一个准线性模型来研究托卡马克位形中的共振磁扰动场渗透和旋转制动效应。

该研究量化了影响共振磁扰动场动力学渗透的几个因素:(1)等离子体对共振磁扰动场的响应会产生比电磁矩更大的新经典环向黏滞矩。(2)较大的共振磁扰动幅值会导致更强的旋转阻尼和更快的磁场渗透,渗透时间通常为 10 ms。(3)动量扩散系数的径向分布对该研究中观察到的流动阻尼不起重要作用。

2017 年,白雪等人采用扩展的 MARS-F 模型。该模型包括平行和垂直于总磁场的各向异性热输运物理,数值研究了各向异性热输运对电阻等离子体响应的影响[102]。其中,平行和垂直于总磁场的各向异性热输运项是加入到压强方程中,方程变为:

$$i(\Omega_{RMP} + n\Omega)\ p = -\ \boldsymbol{v} \cdot \nabla P_{eq} - \Gamma P_{eq}\ \nabla \cdot \boldsymbol{v} + \frac{\boldsymbol{B}_{eq}}{|\boldsymbol{B}|} \cdot \nabla \times$$

$$\left[\left(\frac{\chi_{\parallel} - \chi_{\perp}}{|\boldsymbol{B}|}\right)(\boldsymbol{B}_{eq} \cdot \nabla p + \boldsymbol{b} \cdot \nabla P_{eq})\right] + \nabla \cdot (\chi_{\perp}\ \nabla p)$$

式中,$\chi_{\parallel}$,$\chi_{\perp}$ 分别代表平行和垂直各向异性热输运系数。

该研究发现,热输运可以有效地消除慢环流模型中由环向平均曲率造成的等离子体屏蔽效应(即 Glasser-Green-Johnson 屏蔽),而快环流模型对传统等离子体屏蔽效应的修正较小。热输运和 Glasser-Green-Johnson 屏蔽之间相互作用的这种物理效应归因于等离子体对外加电场响应而导致电流径向结构的改变。等离子体响应(屏蔽电流、响应场、等离子体扰动位移和扰动速度)的改变也对共振磁扰动场产生的环向力矩造成直接影响。模拟结果表明,热输运使共振电磁矩以及与雷诺应力相关的力矩减小,但提高了慢环流情况下的新经典黏滞矩。

2018 年,李莉等人在 MARS-F 程序中加入了极向频率变化模型,在原有的

环向角频率中加入了极向的变化[103]。平衡环向角频率包含环向旋转角频率和极向变化的环向角频率,如下:

$$\Omega(s,\chi) = \Omega_0(s) + \hat{\Omega}(s,\chi)$$

式中,$\Omega_0(s)$ 是背景环向旋转频率,包含 $m = 0$ 频谱,$\hat{\Omega}(s,\chi) \equiv \mathrm{Re}\left[\sum_{m\neq0}\Omega_m(s)\,e^{im\chi}\right]$ 是极向变化的环向角频率,χ 是极向角。

数值研究了这种极向频率不对称性对等离子体响应的影响,包含了两个重要的等离子体区域,分别是缓慢和相对快速环流中的 Glasser-Green-Johnson 区域和传统的等离子体屏蔽区域。该研究着重探讨了等离子体的屏蔽效应,与极向对称环向等离子体环流相比,极向频率变化模型增强了 Glasser-Green-Johnson 区域的屏蔽,减少了传统的等离子体屏蔽区域的屏蔽,如图 6.31 所示。

2021 年,杨旭等人利用 MARS-F 程序数值研究了拉长比和三角形变对等离子体响应的影响[104]。该研究考虑了单零点和双零点偏滤器位形,系统地研究了拉长比和三角形变的大变化对等离子体响应的影响。由于 q_{95} 对等离子体响应的影响很大,因此在该研究中为了单纯地研究拉长比和三角形变的变化对等离子体响应的影响,保持了边缘安全因子始终不变。

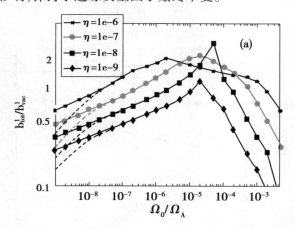

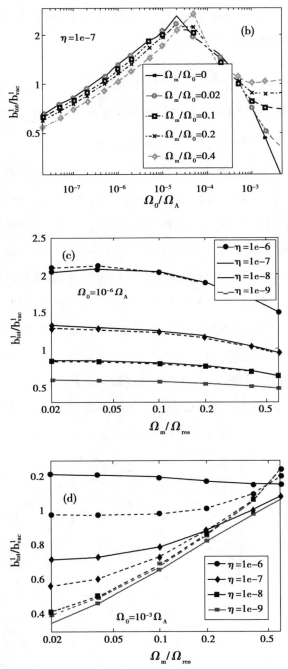

图 6.31　考虑极向频率变化和不考虑极向频率变化,对等离子体响应的影响[103]

在该研究中,等离子体边界形状的解析形式如下:

$$R(\theta_U) = 1 + b_1\cos(\theta_U + \delta_U\sin(\theta_U)) \tag{6.22}$$

$$R(\theta_L) = 1 + b_1\cos(\theta_L + \delta_L\sin(\theta_L)) \tag{6.23}$$

$$Z(\theta) = b_1\kappa\sin(\theta) - b_2\exp\left[-\left(\left|\theta + \frac{\pi}{2}\right|/b_3\right)^{3/2}\right] \tag{6.24}$$

式中,b_1,κ,δ_U,δ_L 是等离子体反径向比、拉长比、上三角形变和下三角形变。b_2 和 b_3 用于获得单零点偏滤器位形。θ 是极向角,$\theta_U \sim (0,\pi)$,$\theta_L \sim (\pi,2\pi)$。拉长比 κ 的变化范围是 $1 \sim 2$,三角形变的变化范围是 $0 \sim 0.7$。在等离子体位形变化的过程中,保持边缘安全因子不变,如图 6.32 所示。

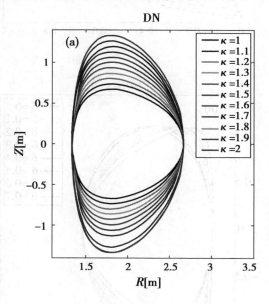

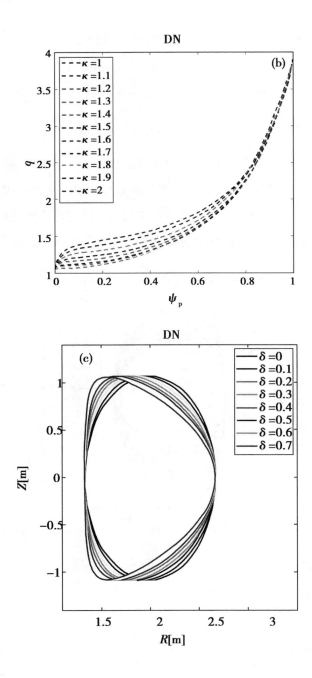

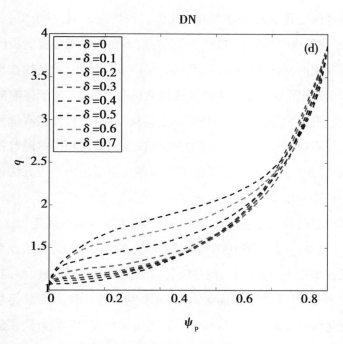

图 6.32 在双零点偏滤器位形情况下，扫描拉长比和三角位形时，

等离子体边界和安全因子的径向剖面[104]

压强和电流的径向剖面的解析形式如下：

$$P(\psi_N) = p_1 \left\{ \tanh\left[\frac{2(1 - \psi_N^{\mathrm{mid}})}{\Delta}\right] - \tanh\left[\frac{2(\psi_N - \psi_N^{\mathrm{mid}})}{\Delta}\right] \right\} +$$

$$H\left(1 - \frac{\psi_N}{\psi_N^{\mathrm{ped}}}\right)\left[1 - \left(\frac{\psi_N}{\psi_N^{\mathrm{ped}}}\right)^{p_2}\right]^{p_3} \tag{6.25}$$

$$J(\psi_N) = 0.15\frac{2j_1}{\Delta}\left\{\mathrm{sech}^2\left[\frac{2(\psi_N - \psi_N^{\mathrm{mid}})}{\Delta}\right] - \tanh\left[\frac{2(\psi_N - \psi_N^{\mathrm{mid}})}{\Delta}\right] - \mathrm{sech}^2(1)\right\} +$$

$$(1 - \psi_N^{j_2})^{j_3} + j_4\psi_N^{j_5}(1 - \psi_N)^{j_6} \tag{6.26}$$

式中，p_1-p_3 和 j_1-j_3 用于调节压强和电流的剖面，$H(x)$ 是 Heaviside 阶梯函数，$\psi_N^{\mathrm{ped}} = 1 - \Delta$，$\psi_N^{\mathrm{mid}} = 1 - \Delta/2$ 是台基顶端和中心处的位置，Δ 是台基宽度。

该研究利用了四种不同的判定方法，分别是：最外层有理面处的真空磁场，最外层有理面处的总磁场，X 点处等离子体扰动位移，最外层有理面处总磁场与最外层有理面处真空磁场最大值的比值。该研究表明,对于单、双零点偏滤器位形,在改变等离子体拉长比时,预测的上、下两组线圈电流的最优相位差随着拉长比的变化而变化,该变化符合 $\Delta\phi_{opt} = a * \kappa + c$,其中 κ 是拉长比。在双零点偏滤器位形情况下,外加 $n=1$ 共振磁扰动场时,考虑等离子体响应的判定方法(最外层有理面处总磁场,X 点处等离子体扰动位移,最外层有理面处总磁场与最外层有理面处真空磁场最大值的比值)预测的最优相位差随着拉长比的改变几乎不改变($\Delta\phi_{opt} = 165°$),最外层有理面处真空磁场的判定方法预测的最优相位差随拉长比变化,满足 $\Delta\phi_{opt} = -45°\kappa + 165°$,如图 6.33 所示。该研究再次证实等离子体响应的判定方法与真空磁场的判定方法预测的最优相位差不同。

外加 $n=2$,3,4 共振磁扰动场时,等离子体响应的判定方法预测的最优相位差随拉长比变化不再是常数,而是随着拉长比的改变而改变,如图 6.34 至图 6.36 所示。外加 $n=2$ 共振磁扰动场时,真空判定方法预测的最优相位差随着拉长比的变化满足 $\Delta\phi_{opt} = -75°\kappa + 285°$,等离子体响应的判定方法预测的最优相位差则满足 $\Delta\phi_{opt} = -60°\kappa + 315°$。外加 $n=3$ 共振磁扰动场时,真空判定方法预测的最优相位差满足 $\Delta\phi_{opt} = -120°\kappa + 90°$,等离子体响应的判定方法预测的最优相位差则满足 $\Delta\phi_{opt} = -120°\kappa + 120°$。外加 $n=4$ 共振磁扰动场时,真空判定方法预测的最优相位差满足 $\Delta\phi_{opt} = -165°\kappa + 225°$,等离子体响应的判定方法预测的最优相位差则满足 $\Delta\phi_{opt} = -165°\kappa + 270°$。

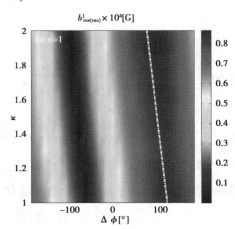

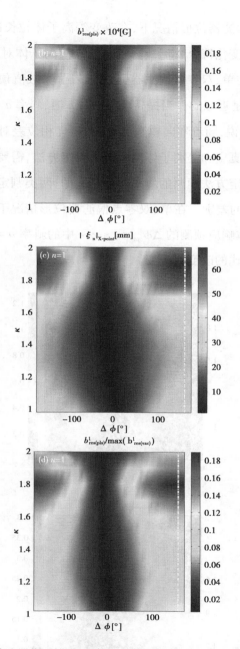

图 6.33　在双零点偏滤器位形情况下,等离子体对 $n=1$ 共振磁扰动场响应随着拉长比

和上、下两组共振磁扰动线圈中电流相位差的改变[104]

　　在单、双零点偏滤器位形情况下,在改变等离子体拉长比时,预测的最优相位差随着拉长比的变化符合 $\Delta\phi_{opt}=a*\kappa+c$。在等离子体对 $n=1,2,3,4$ 共振磁扰动场响应时,在单、双零点偏滤器位形的情况下,数值预测的 $\Delta\phi_{opt}=a*\kappa+c$ 中的斜率 a 和 c 都是近似的。当提高环向模数 n 时,斜率 a 也会随之变大,如图 6.37 所示。也就是说,随着环向模数的增大,最优相位差对拉长比的变化更敏感。该结论适用于真空和等离子体响应两类判定方法,需要注意的是真空和等离子体响应两类判定方法预测的斜率 a 是相近的,两类判定方法预测的最优相位差主要是在 c 上的差别。在单、双零点偏滤器位形情况下,外加 $n=1$ 共振磁扰动场时,等离子体响应预测的 $\Delta\phi_{opt}=a*\kappa+c$ 中的斜率 $a=0$,也就说明了最优相位差不随着拉长比的改变而改变。

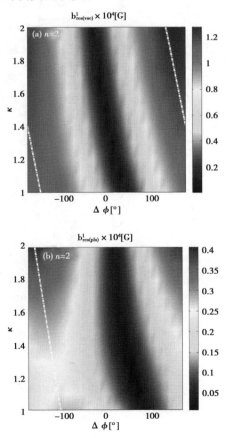

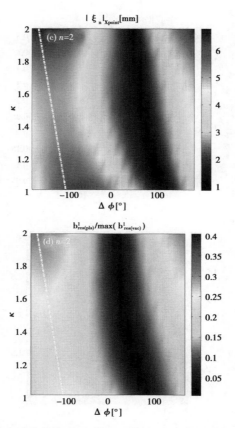

图 6.34　在双零点偏滤器位形情况下,等离子体对 $n=2$ 共振磁扰动场响应随着拉长比

和上、下两组共振磁扰动线圈中电流相位差的改变[104]

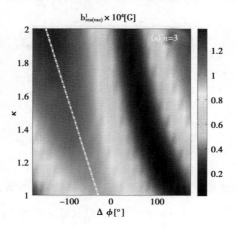

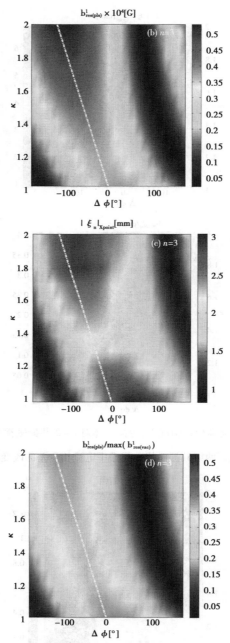

图 6.35　在双零点偏滤器位形情况下,等离子体对 $n=3$ 共振磁扰动场响应随着拉长比

和上、下两组共振磁扰动线圈中电流相位差的改变[104]

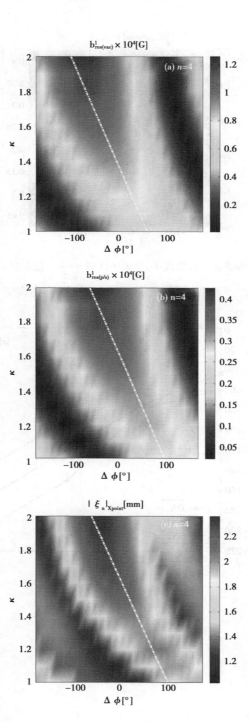

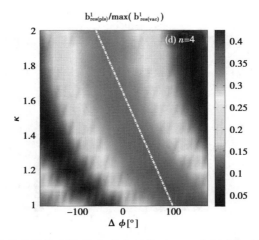

图6.36 在双零点偏滤器位形情况下,等离子体对 $n=4$ 共振磁扰动场响应随着拉长比

和上、下两组共振磁扰动线圈中电流相位差的改变[104]

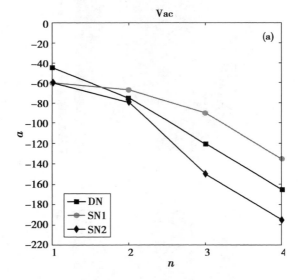

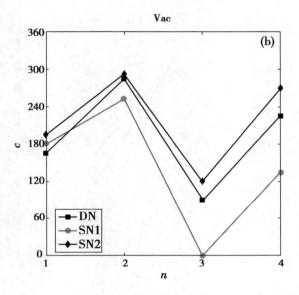

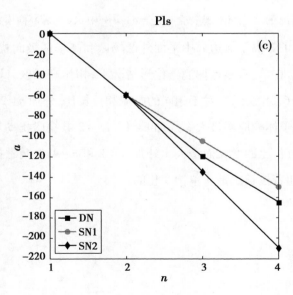

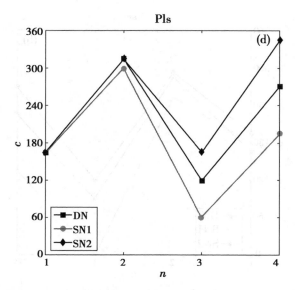

图 6.37　在单、双零点偏滤器位形情况下,等离子体对 $n=1$, 2, 3, 4 共振磁扰动场响应时,
在扫描拉长比情况下,最优相位差符合 $\Delta\varphi_{opt}=a*\kappa+c$ 中 a,c 随着环向模数 n 的变化[104]

　　其次,研究了等离子体边界中平面外低场区和高场区极向扰动场随着拉长
比的变化情况。在单、双零点偏滤器位形情况下,相比高场区,低场区的极向扰
动场较大,如图 6.38 所示。对于相同的电流和拉长比,外加 $n=2$ 共振磁扰动场
时,得到的等离子体响应场最大。外加 $n=1$ 和 $n=2$ 共振磁扰动场时,等离子体
响应幅值随着拉长比的增大而增大。外加 $n=3$ 和 $n=4$ 共振磁扰动场时,等离
子体响应幅值随着拉长比是非单调变化的。

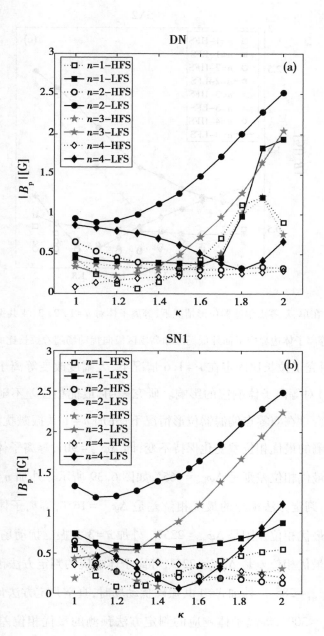

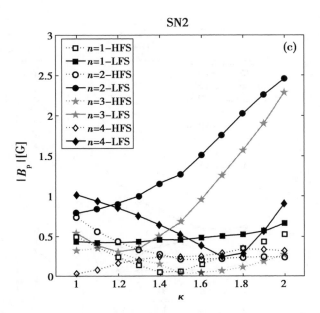

图 6.38　在单、双零点偏滤器位形情况下,等离子体对 $n=1,2,3,4$ 共振磁扰动场
响应时,等离子体边界中平面外低场区和高场区极向扰动场随着拉长比的变化[104]

　　最后,研究了拉长比固定在 $\kappa=1.6$ 情况下,大幅度改变等离子体三角形变
$(\delta_L = \delta_U = \delta)$ 对等离子体响应的影响。研究表明,最优相位差不随着三角形变
的改变而改变。在双零点偏滤器位形情况下,外加 $n=1$ 共振磁扰动场时,真空
判定方法预测的最优相位差变化保持不变,即 $\Delta\varphi_{\mathrm{opt}}=90°$,等离子体响应的判定
方法预测的最优相位差则是 $\Delta\varphi_{\mathrm{opt}}=165°$,如图 6.39 所示。外加 $n=2$ 共振磁扰
动场时,真空判定方法预测的最优相位差是 $\Delta\varphi_{\mathrm{opt}}=165°$,等离子体响应的判定
方法预测的最优相位差则是 $\Delta\varphi_{\mathrm{opt}}=225°$。外加 $n=3$ 共振磁扰动场时,真空判定
方法预测的最优相位差是 $\Delta\varphi_{\mathrm{opt}}=225°$,等离子体响应的判定方法预测的最优相
位差则是 $\Delta\varphi_{\mathrm{opt}}=285°$。外加 $n=4$ 共振磁扰动场时,真空判定方法预测的最优相
位差是 $\Delta\varphi_{\mathrm{opt}}=300°$,等离子体响应的判定方法预测的最优相位差则是 $\Delta\varphi_{\mathrm{opt}}=$
$330°$。真空判定方法与等离子体响应判定方法预测的最优相位差的差值随着
环向模数 n 值的增大而减小。

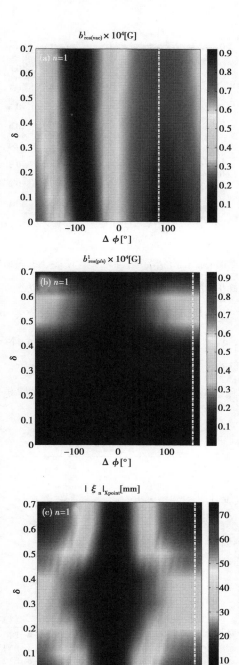

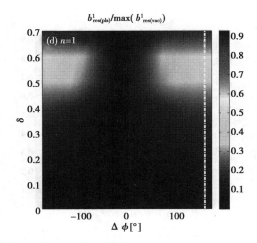

图 6.39 在双零点偏滤器位形情况下,等离子体对 $n=1$ 共振磁扰动场响应随着

三角形变和上、下两组共振磁扰动线圈中电流相位差的改变[104]

随着外加共振磁扰动场环向模数的增加,最优相位差也会增加,如图 6.40
所示。外加 $n=1,2,3,4$ 共振磁扰动场,在改变等离子体三角形变时,极向扰
动场会随着三角形变的增大而近似增大,如图 6.41 所示。在增大三角形变的
过程中,径向扰动场和 X 点扰动位移也会随着增加,这样更有利于边缘局域模
的缓解或抑制。

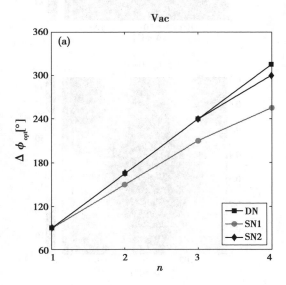

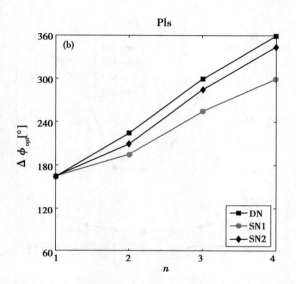

图 6.40　在双零点偏滤器位形情况下,等离子体对 $n=1,2,3,4$ 共振磁扰动场响应时,

在扫描三角形变情况下,最优相位差随着环向模数 n 的变化[104]

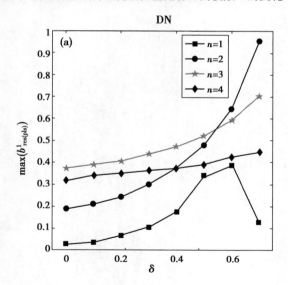

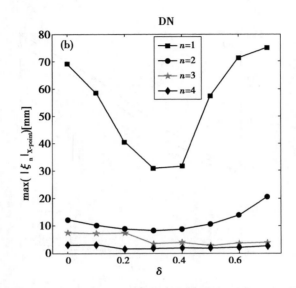

图 6.41　等离子体对 $n=1,2,3,4$ 共振磁扰动场响应时,最大的径向共振

扰动场和 X 点的扰动位移随着三角形变的变化[104]

7. 托卡马克中误差场修正的研究进展

    误差场主要包括以下三类:一是固有误差场,一部分来源于环向、极向平衡场和欧姆场线圈的倾斜、偏移和扭曲。理想托卡马克在环向是完全对称的,然而线圈的扭曲、倾斜、偏移所产生的非轴对称磁场,使原来的对称磁场变为不对称。这些误差场有可能来源于线圈的制造过程,也可能来源于安装过程。在等离子体放电过程中,不平衡的电磁力和热力也可能使线圈位置偏移,如放电过程中发生大破裂,可能使线圈的位置发生改变,并且改变非轴对称磁场的频谱。这种固有非轴对称磁场在任何一种磁约束装置中都是不可避免的,而且非轴对称扰动场源也是不确定的。并且,小尺度的非轴对称磁场在托卡马克中很难直接测量得到;另一种误差场来源于托卡马克中的永久磁体和其他的铁磁性物质;最后是外加的共振磁扰动线圈产生的共振磁扰动场。通过仔细地设计、建造和安装,可以最大限度减小误差场,但是不可能完全消除误差场。研究已经表明:比背景磁场小 3~4 个量级的误差场,也可能对二维轴对称等离子体造成重大的影响。误差场可以通过放大自己来影响不同的磁流体不稳定性,如撕裂模[105]、电阻壁模[18,28,106]、边缘局域模[107-109]等。并且低环向模数误差场可以引起锁模,甚至造成大破裂,因此对误差场的修正仍然是包括 ITER 装置[110,111]在内的现有托卡马克装置中很重要的研究课题。

    在低约束运行等离子体中误差场引起锁模是最严重的问题。在高约束运行等离子体中,尽管等离子体旋转更快,可能会有更好的屏蔽效应,但是误差场修正也可能是很重要的研究课题。首先,在 ITER 装置中等离子体的旋转速度并不一定足够大;其次,在高比压等离子体放电过程中,边缘稳定理想扭曲模的响应会对外加误差场产生很强的放大作用;最后,在低约束和高约束运行模式下,等离子体不能屏蔽误差场的非共振部分,它们可以自由地渗透到等离子体中,由于共振和非共振部分的环向耦合,已经屏蔽在外的共振部分有可能重新出现在有理面。所以在等离子体有良好屏蔽的情况下,三维磁扰动场仍然可以引起新经典环向黏滞矩,有可能使等离子体旋转制动。误差场修正已经在高约束运行等离子体实验中得到广泛的研究,如锁模、控制高比压驱动磁流体不稳定性[112-114],并且也应用于返场箍缩装置[115]。

误差场的测量和修正技术已经在 DIII-D[116]、JET[117]、MAST[118,119]、KSTAR[120]、NSTX[112]、COMPASS-D[121]、TEXTOR[122]、Alcator C-Mod[123] 等托卡马克装置中得到广泛应用。反馈控制主要包括静态和动态误差场修正两种方法,动态误差场修正处于起步阶段,DIII-D 装置上应用了该技术[113,115]。在放电过程中,等离子体的各项参数在不断地变化,等离子体对误差场的响应也在变化,所以基于实验的正反馈动态误差场修正方法有可能更加有效。

在早期理论和数值研究中主要是测量和修正真空误差场。近期的模拟工作考虑了等离子体响应,如 IPEC[110,124,125] 和 MARS-F[72,126] 程序。为了更好地修正装置中的误差场,数值研究需要托卡马克位形,这也是误差场修正理论没有得到很好发展的主要原因。

托卡马克装置中误差场的研究工作开始于 20 世纪 70 年代,下面主要介绍误差场渗透的磁流体理论和误差场修正的研究进展。

7.1 旋转等离子体对静态误差场的响应 （误差场渗透）理论

1985 年, Hahm 和 Kulsrud 基于 Taylor 的模型提出了线性受迫磁重联理论[127]。1991 年, Fitzpatrick 和 Hender 基于 Hahm 和 Kulsrud 的模型, 提出了旋转等离子体中磁岛与外加共振磁扰动场相互作用的解析模型, 与数值模拟预测的结果一致, 并且解释了 COMPASS-C 装置中的实验数据[128]。

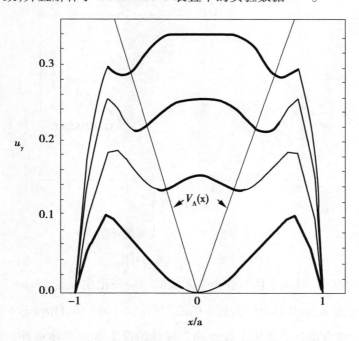

图 7.1 不同的速度剖面与阿尔芬速度剖面的叠加[129]

1993 年, Fitzpatrick 在柱坐标系中, 首次考虑了旋转和黏滞等离子体对静态磁扰动场的响应, 并且提出了撕裂模与共振磁扰动场相互作用的五种类型, 分别为模式解锁、锁模、模式稳定、等离子体旋转制动和模式渗透, 同时也分析了电阻壁对撕裂模的影响[105]。

1995 年,Jensen 等人基于阿尔芬共振法,在考虑电阻和黏滞的情况下,提出了当速度大于磁岛抑制的临界速度时,没有磁岛的情况下,外加的共振场通过阿尔芬共振与等离子体进行力的交换,如图 7.1[129]所示。

1996 年,马志为、王晓钢和 Bhattacharjee 基于 Sweet-Parker 模型,提出了在高伦德奎斯特系数等离子体中,常磁通近似不适用于受迫磁重联的线性和非线性阶段[130]。1997 年,王晓钢和 Bhattacharjee 进一步研究了柱位形下,外加共振磁扰动场使得旋转等离子体锁模的问题,并与 COMPASS-C 实验中发生锁模的密度阈值符合得很好,如图 7.2[131]所示。

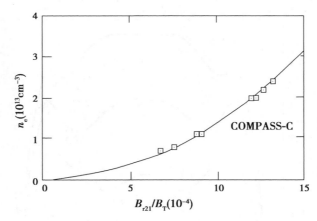

图 7.2　理论预测的锁模密度阈值与
COMPASS-C 实验结果的对比[131]

截至 1997 年,等离子体对静态误差场的响应理论主要是 Fitzpatrick、Jensen 及其合作者,王晓钢及其合作者提出的三大模型。1998 年,Fitzpatrick 对上述三个模型进行整合得到了适用于线性和非线性情况下等离子体对外加误差场响应的完整磁流体理论,如图 7.3[132]所示。

误差场渗透和锁模与几何位形的关系不是特别的密切,所以上述理论发展得很好。但是误差场修正需要全环位形,只有这样才能提供更好的误差场修正建议。

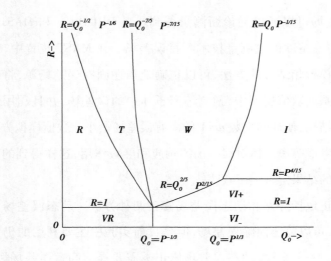

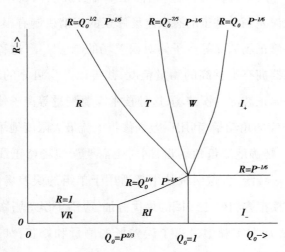

图 7.3　磁流体下误差场渗透的完整理论示意图[132]

7.2　误差场修正的研究进展

一些固有误差场（如不对称的极向场线圈）可以直接测量得到,如 NSTX[133]、DIII-D[134] 和 Alcator C-Mod[135] 装置。在 C-Mod[135] 和 TCV[136] 装置

中,非轴对称磁场可以通过磁诊断测量得到。在 DIII-D[134] 和 MAST[137] 装置中,可以通过更高精度的磁测量技术测得误差场。在 MAST 装置中,利用磁测量技术和数值模拟相结合的方法,可以精确地描述固有误差场源,将磁场数据输入不对称线圈的数值模型中,预测等离子体中的误差场,并且利用最优的误差场修正线圈结构,使环向模数 $n=1$ 的固有误差场最小。数值模拟方法中的磁流体方程需要考虑等离子体对误差场的响应和屏蔽作用,这样得到的误差场才会与实验测量的结果定量上一致[137]。

误差场修正包括静态和动态误差场修正两种方法。动态误差场修正是非常有效的方法,可以完全消除误差场,但是目前实验中主要利用的仍是静态误差场修正方法。一般来说,动态误差场修正不需要提前知道误差场源,可以通过反馈机制消除误差场。基于动态误差场修正的反馈机制有很多种,最普遍的方法是利用误差修正场消除等离子体对误差场的响应[138],这种技术有效的必要条件是磁传感器拥有足够高的测量精度,并可以产生可靠的环向去耦信号。第二种技术可以修正芯部的误差场,这种技术需要测量等离子体对误差场修正电流(交流电)响应的角动量,利用误差场修正电流最大限度地增大角动量。这个技术需要实时、精确地测量角动量,同时也需要误差场修正线圈具有可以发射交流电的能力。传统上,这两种技术都适用于单组的误差场修正线圈,但是也可以通过数值模拟多组修正线圈的最优叠加,应用于误差场修正实验中。

早些年,主要是在实验中进行了误差场的测量和修正,如 DIII-D[138,139]、JET[117]、MAST[118,137]、KSTAR[120]、NSTX[112]、COMPASS-D[121]、TEXTOR[122] 和 Alcator C-Mod[123] 等装置。在 DIII-D 装置中,利用外加 $n=1$ 误差场修正线圈对误差场进行修正,观察到可以减缓等离子体中锁模发生的时间,如图 7.4[138] 所示。

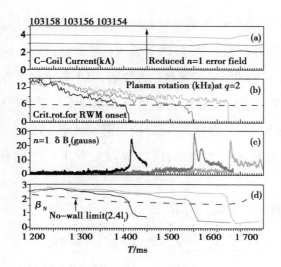

图 7.4　提高误差场修正电流减缓等离子体锁模发生的时间[138]

在早期的模拟研究工作中,主要集中在测量和修正真空误差场。近年来的模拟工作也开始考虑等离子体响应,如 IPEC[110,124,125] 和 MARS-F[72,126] 程序。为了更好地修正装置中的误差场,数值模拟需要托卡马克位形,这也是误差场修正理论没有得到很好发展的主要原因。误差场修正的数值模拟主要是为了提出最优误差场修正的判定方法,并用于预测实验中误差场修正的最优值。在现有运行的装置中找到最优的误差场判定方法,并不是特别急迫,因为在实验中可以通过罗盘扫描法得到误差场修正的最优修正电流。在 ITER 装置中也可以尝试利用罗盘扫描法得到最优的误差场修正电流,但是罗盘扫描法需要通过锁模迫使等离子体发生大破裂,ITER 装置并不一定可以承受等离子体大破裂带来的冲击,所以找到最优的误差场修正判定方法,并预测 ITER 装置中的最优误差场修正电流是非常必要的。下面是已经提出的误差场修正的判定方法:

(1)真空三模的误差场修正判定方法[140]

$$\delta B_{res} = \delta B_{3-mode} = \sqrt{0.2(\delta B_{11}^x(\psi_{21}))^2 + (\delta B_{21}^x(\psi_{21}))^2 + 0.8(\delta B_{31}^x(\psi_{21}))^2} \leqslant \delta B_{pen}$$

$$\delta B_{pen} = 0.5 \times 10^{-4} B_{T_0}$$

该判定方法利用的是外加磁场在 $q=2$ 有理面的傅里叶分量,左式中的芯部

共振场 δB_{res} ,其中的各项权重是经验上的估值,右式是通过拟合得到。该判定方法的缺点是与物理问题无关,取决于磁坐标系的选择。Schaffer、Park[141,142]等人证实,利用磁通的傅里叶谐波是很必要的,而不是该判定方法中的磁场,这是因为通量是与坐标系选取无关的量,并且在物理上与磁岛的驱动有关。尽管标准的磁坐标系(如 PEST 坐标系)已经应用到该判定方法中,无权重的傅里叶部分仍不能精确地描述撕裂驱动,所以该判定方法只在很有限的条件下才成立。

(2)IPEC 程序的叠加场判定方法[143,144]

$$\delta B_{res} = \delta B_{ovf} = \sqrt{\left(\sum_r s_r \sum_m c_{rmn} \delta B_{mn}^x (\psi_b) \right)^2} \leqslant \delta B_{pen}$$

$$\delta B_{pen} = 0.71 \times 10^{-4} n_e^{1.3 \pm 0.1} B_{T_0}^{-2.0 \pm 0.11} R_0^{0.93 \pm 0.18} \beta_N^{-0.69 \pm 0.18} B_{T_0}$$

该判定方法利用的是外加磁场在靠近边界有理面的傅里叶分量,左式中的芯部共振场 δB_{res} ,其中的权重是利用理想磁扰动平衡计算得到的,右式也是通过拟合得到。叠加场是基于外加场与坐标系选取无关的共振通量耦合得到的矩阵。通过对耦合矩阵的奇异值分解产生一系列的正交模数,这些正交模数用于外加场与共振面的耦合,正交模数与外加场的点乘,为叠加场提供一模、二模等。其中奇异值分解的基本思路是,假定稳定的等离子体对外加真空场的响应是系统中所有稳定本征模响应的叠加,在非连续的情况下(极向傅里叶空间),所有的本征模响应形成一个响应矩阵,响应矩阵的奇异值分解中的对角元素表示等离子体对本征向量响应的敏感度。换句话说,等离子体响应越大,对应的响应矩阵的奇异值越大。这个技术成功地解释了 DIII-D 装置中的误差场修正实验,如图 7.5[145]所示。同时,该技术也应用于 ITER 装置中,当时考虑了理想等离子体响应,没有考虑旋转效应[142]。但是在 MAST 装置中,该技术与误差场修正实验得到的结果符合得并不好[79]。

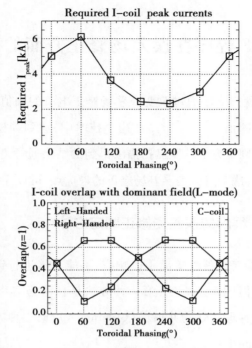

图 7.5　DIII-D 装置中 I-coil 线圈产生的外加场与其他场的叠加[145]

（3）M3D-C1 程序中双流体效应对误差场修正的研究

M3D-C1 程序的物理模型包含双流体效应。该效应在等离子体撕裂响应中起着很重要的作用,尤其是撕裂响应在电子垂直旋转跨过零点区域,会得到大幅度加强[146]。

M3D-C1 程序还没有对误差场修正进行系统研究,也不清楚 M3D-C1 程序中的双流体物理或其他非理想等离子体物理会对误差场修正起到怎样的作用。M3D-C1 程序研究了 NSTX-U 中,等离子体对误差场的响应并与 IPEC 程序进行了对比,M3D-C1 程序计算的共振电流与 IPEC 计算的共振场是相关联的。同时,M3D-C1 可以用于研究等离子体的非线性阶段,可以模拟锁模,可以更有效地获得锁模阈值。然而,这方面的研究还处于初级阶段,处于与 NIMROD 程序和柱位形下解析理论进行校验阶段。

7.3 MARS-F 程序在误差场修正方面的研究进展

在实验中,罗盘扫描法通过改变误差场修正电流的幅值和相位,从而找到固有误差场的锁模阈值[137,147,148]。在这个技术中,达到锁模被认为是误差场修正最优值的有效判定方法。罗盘扫描法得到的结果通常是一个圆,有误差场时其中心偏离原点,这个点就是误差场修正的最优点,可以完全消除误差场。

7.3.1 MARS-F 程序的误差场修正判定方法

MARS-F 程序只考虑线性等离子体响应,不能直接进行锁模模拟。设定两种误差场修正最优值的判定方法:第一种方法是在考虑等离子体响应的情况下,完全消除 $q=2$ 有理面处的共振场(Criterion A);第二种方法是使全局的净电磁矩最小(Criterion B)。

1)Criterion A:消除 $q=2$ 有理面处的共振场

利用该判定方法,数值模拟电阻等离子体对误差场(固有误差场和误差修正场)的响应。$q=2$ 有理面处的固有误差场为 $b_{\mathrm{EF,TRUE}}^{\mathrm{VAC}}$。首先考虑一般情况,给定的误差场包含多个极向谐波,即 $b_{\mathrm{EF,TRUE}}^{\mathrm{VAC}} = \sum_k A_k e^{ik\chi - in\varphi}$。其次,等离子体响应的过程包含环向耦合效应,每个真空场的极向谐波对总 m/n 共振谐波(包括等离子体响应)的贡献为 $A_k f_{mk}$,所以等离子体对固有误差场响应产生的总 m/n 共振响应场,也变为 $\sum_k A_k f_{mk}$,f_{mk} 是等离子体对固有误差场谐波 k 的响应使得谐波 m 放大的倍数。

这里以利用上组("U")和下组("L")修正线圈,形成奇("−")或偶("+")线圈结构的误差修正场为例,$b_{\mathrm{U,L}}^{\mathrm{PLS}}$ 分别是在 $q=2$ 有理面处,上组线圈和下组线圈单位电流产生的总磁场(包含真空和等离子体响应两部分)。根据 Criterion A,通过改变误差场修正电流 $I_{\mathrm{EFC}}^{\pm}$,找到误差场修正的最优值,

$$\sum_k (A_k f_{mk}) + I_{EFC}^{\pm} (b_U^{PLS} \pm b_L^{PLS}) = 0 \tag{7.1}$$

总扰动场(包括等离子体响应)来源于固有误差场和误差场修正场,上、下两组线圈电流的幅值是等值的,环向相位是相对于误差场相位而言的。

$I_{EFC}^{\pm}$ 是最优修正电流,为复数,根据式(7.1)得到

$$I_{EFC}^{\pm} = - \sum_k (A_k f_{mk}) / (b_U^{PLS} \pm b_L^{PLS}) \tag{7.2}$$

根据罗盘扫描法消除总共振场,得到"预测的"真空误差场的 m/n 部分,

$$b_{EF,MARS}^{VAC,\pm} = - I_{EFC}^{\pm} (b_U^{VAC} \pm b_L^{VAC}) \tag{7.3}$$

式中, $b_{U,L}^{VAC}$ 分别是上、下两组线圈单位电流产生的真空场。

MARS-F 程序通过罗盘扫描法得到真空误差场 $b_{EF,MARS}^{VAC,\pm}$ (式 7.3)与误差场修正实验中罗盘扫描法得到的 $b_{EF,EXPT}^{VAC,\pm}$ 相比较,通过调节给定误差场的极向频谱 A_k ,可以使 $b_{EF,MARS}^{VAC,\pm}$ 符合实验中的 $b_{EF,EXPT}^{VAC,\pm}$,不一定能够同时满足奇、偶误差场修正线圈结构下的 $b_{EF,EXPT}^{VAC,\pm}$,但至少可以满足其中一个。

对于 Criterion A,通过解析分析罗盘扫描法得到的偶和奇修正线圈结构下预测的真空误差场的比值为

$$\frac{b_{EF,MARS}^{VAC,+}}{b_{EF,MARS}^{VAC,-}} = \frac{(b_U^{VAC} + b_L^{VAC})(b_U^{PLS} - b_L^{PLS})}{(b_U^{VAC} - b_L^{VAC})(b_U^{PLS} + b_L^{PLS})} \tag{7.4}$$

与给定固有误差场的极向频谱无关。如果给定的固有误差场 $b_{EF,TRUE}^{VAC}$,在奇修正线圈结构下,MARS-F 程序通过罗盘扫描法得到的结果与实验中的结果符合,但是两者在偶修正线圈结构下却不符合,也就没有必要通过调节给定固有误差场的频谱来提高符合度了。因此,对于 Criterion A,在数值模拟上只需要给定具有单个谐波的固有误差场,用于与实验中罗盘扫描法的结果做对比。所以,给定的固有误差场只包含单个 $m/n = 2/1$ 的共振谐波,没有通过增加极向谐波来改善结果。

2) Criterion B:使全局净电磁矩最小

根据锁模理论,等离子体环向旋转制动是等离子体对误差场或者修正之后

的误差场响应,产生的电磁矩反作用于等离子体的结果。这也是选取使得全局净电磁矩最小作为误差场修正最优值判定方法的原因。在该判定方法中,没有考虑其他的矩效应(如新经典黏滞矩和雷诺应力)。非共振新经典黏滞矩在三维场比较小的托卡马克中通常也很小,新经典黏滞矩会在三维场与捕捉热粒子的进动漂移发生共振时得到加强,但是这也取决于等离子体流和碰撞率,在EAST 和 MAST 装置中等离子体的碰撞率相对比较高,因此共振加强可能不是很重要。过程如下:

固有误差场在 $q=m/n$ 有理面为 $b_{\mathrm{EF,TRUE}}^{\mathrm{VAC}} = \sum A_k e^{ik\chi-in\phi}$,在奇偶("$-/+$")修正线圈结构下,误差场修正线圈的电流为 $I_{\mathrm{EFC}}^{\pm}$,计算电阻等离子体对总真空场(误差场与误差场修正场之和)的响应,并且得到环向净电磁矩 $T_{\mathrm{j}\times\mathrm{b}}$,净电磁矩是总电磁矩沿等离子体小半径的积分。对于 Criterion B,调节误差场修正线圈电流 $I_{\mathrm{EFC}}^{\pm} = \left|I_{\mathrm{EFC}}^{\pm}\right| e^{i\phi_{\mathrm{EFC}}^{\pm}}$ 的幅值和相位,可使得净电磁矩 $\left|T_{\mathrm{j}\times\mathrm{b}}(I_{\mathrm{EFC}}^{\pm})\right|$ 最小,从而得到误差场修正的最优值。利用最优的修正电流 $I_{\mathrm{EFC}}^{\pm,\mathrm{opt}}$,得到罗盘扫描法预测的真空误差场 $b_{\mathrm{EF,MARS}}^{\mathrm{VAC},\pm} = -I_{\mathrm{EFC}}^{\pm,\mathrm{opt}}(b_{\mathrm{U}}^{\mathrm{VAC}} \pm b_{\mathrm{L}}^{\mathrm{VAC}})$。

与 Criterion A 不同的是,Criterion B 可以通过改变固有误差场的极向频谱来改变 $b_{\mathrm{EF,MARS}}^{\mathrm{VAC},+}/b_{\mathrm{EF,MARS}}^{\mathrm{VAC},-}$ 的比值。这也为数值模拟得到的真空误差场可以同时符合奇、偶修正线圈结构下的实验结果提供了可能。

符合实验中罗盘扫描法得到的真空误差场,需要调节给定的固有误差场。一个重要的问题是,线性调节是否仍然适用于二次方的电磁矩,下面的解析分析可以用于解释这个问题。

给定固有误差场为 $b_{\mathrm{EF,TRUE}}^{\mathrm{VAC}}$,等离子体对误差场响应产生等离子体扰动电流 $j_{\mathrm{EF}}^{\mathrm{PLS}}$ 和扰动场 $b_{\mathrm{EF}}^{\mathrm{PLS}}$。等离子体对上、下两组修正线圈单位电流响应产生等离子体扰动电流 $j_{\mathrm{U,L}}^{\mathrm{PLS}}$ 和扰动场 $b_{\mathrm{U,L}}^{\mathrm{PLS}}$。在上、下两组修正线圈共同作用下得到电磁矩,同时线性调节固有误差场(调节因子为 C),得到

$$T_{j \times b} \sim \mathrm{Re}[j \times b^*]$$

$$= \mathrm{Re}\{ [G_{\mathrm{EF}}^{\mathrm{PLS}} + (j_{\mathrm{U}}^{\mathrm{PLS}} \pm j_{\mathrm{L}}^{\mathrm{PLS}}) \ I_{\mathrm{EFC}}^{\pm}] \times [(Cb_{\mathrm{EF}}^{\mathrm{PLS}})^{*} + (b_{\mathrm{U}}^{\mathrm{PLS}} \pm b_{\mathrm{L}}^{\mathrm{PLS}})^{*} (I_{\mathrm{EFC}}^{\pm})^{*}] \} \tag{7.5}$$

$$= |C|^2 \mathrm{Re}\{ [j_{\mathrm{EF}}^{\mathrm{PLS}} + (j_{\mathrm{U}}^{\mathrm{PLS}} \pm j_{\mathrm{L}}^{\mathrm{PLS}}) \ (I_{\mathrm{EFC}}^{\pm}/C)] \times [(b_{\mathrm{EF}}^{\mathrm{PLS}})^{*} + (b_{\mathrm{U}}^{\mathrm{PLS}} \pm b_{\mathrm{L}}^{\mathrm{PLS}})^{*} (I_{\mathrm{EFC}}^{\pm}/C)^{*}] \} .$$

显然,固有误差场的线性调节转化为线性调节修正电流,可以得到相同的最优值(电磁矩最小)。需要强调的一点是,这里的线性调节适用于最优的修正电流,但不适用于电磁矩的幅值。

电磁矩的二次方特性,可以利用半解析方法分析误差场修正电流的最优值,从而得到最小的净电磁矩。该方法也使得我们可以更加直接地确定符合罗盘扫描法实验结果的固有真空误差场。半解析方法在需要给定和调节的误差场中包含多个极向谐波情况下尤其好用,具体推导过程如下:

假设 $n=1$ 误差场有 M 个极向谐波,每个谐波场幅值为

$$I_{\mathrm{E}} = [I_1 \cdots I_{\mathrm{M}}]^{\mathrm{T}} \tag{7.6}$$

式中,上标"T"代表转置(没有考虑复共轭)。上、下两组误差场修正线圈的电流幅值分别为 I_{U} 和 I_{L},用于修正误差场。基于 Criterion B,利用误差场修正电流与误差场的相互作用,使得整个等离子体区域的净电磁矩最小。考虑两种线圈结构,对于偶修正线圈结构,则为 $I_{\mathrm{U}} = I_{\mathrm{L}} = I$,对于奇修正线圈结构,则为 $I_{\mathrm{U}} = -I_{\mathrm{L}} = I$。

对于每个单位幅值的极向谐波固有误差场,利用 MARS-F 计算等效面电流,得到 M 个等效面电流。MARS-F 利用式(7.6)中固有误差场和误差场修正线圈电流 I_{U},I_{L},计算得到 $(M+2) \times (M+2)$ 维,以及复值的净电磁矩 T,

$$T = \mathrm{Re}\{\hat{I}^{\mathrm{T}} \mathbf{T} \hat{I}^*\} , \tag{7.7}$$

其中

$$\hat{I} \equiv [I_{\mathrm{E}}^{\mathrm{T}} \quad I_{\mathrm{U}} \quad I_{\mathrm{L}}]^{\mathrm{T}} . \tag{7.8}$$

等式(7.7)中的电磁矩矩阵,不仅计算对角项(每个独立的电流产生的矩),而且也计算非对角项(任何两个电流之间的耦合)。由于电磁矩是二次方

的,所以只考虑两个电流之间的耦合是可行的。

等式(7.7)变为

$$T = \mathrm{Re}\left\{ \begin{bmatrix} I_{\mathrm{E}}^{\mathrm{T}} & I_{\mathrm{U}} & I_{\mathrm{L}} \end{bmatrix} \begin{bmatrix} T_{11} & T_{12} & T_{13} \\ T_{21} & T_{22} & T_{23} \\ T_{31} & T_{32} & T_{33} \end{bmatrix} \begin{bmatrix} I_{\mathrm{E}}^{*} \\ I_{\mathrm{U}}^{*} \\ I_{\mathrm{L}}^{*} \end{bmatrix} \right\} \tag{7.9}$$

对于奇偶修正线圈结构,可得总净电磁矩为

$$T = P^{T}A_{\mathrm{R}}P + P^{T}A_{\mathrm{I}}Q + Q^{T}A_{\mathrm{R}}Q - Q^{T}A_{\mathrm{I}}P + P^{T}B_{\mathrm{R}}X + P^{T}B_{\mathrm{I}}Y + Q^{T}B_{\mathrm{R}}Y -$$
$$Q^{T}B_{\mathrm{I}}X + X^{T}C_{\mathrm{R}}P + X^{T}C_{\mathrm{I}}Q + Y^{T}C_{\mathrm{R}}Q - Y^{T}C_{\mathrm{I}}P + X^{T}D_{\mathrm{R}}X + \tag{7.10}$$
$$X^{T}D_{\mathrm{I}}Y + Y^{T}D_{\mathrm{R}}Y - Y^{T}D_{\mathrm{I}}X$$

定义

$$A \equiv T_{11} = A_{\mathrm{R}} + iA_{\mathrm{I}} \tag{7.11}$$

$$B \equiv T_{12} \pm T_{13} = B_{\mathrm{R}} + iB_{\mathrm{I}} \tag{7.12}$$

$$C \equiv T_{21} \pm T_{31} = C_{\mathrm{R}} + iC_{\mathrm{I}} \tag{7.13}$$

$$D \equiv T_{22} + T_{33} \pm T_{23} \pm T_{32} = D_{\mathrm{R}} + iD_{\mathrm{I}} \tag{7.14}$$

$$I_{\mathrm{E}} \equiv P + iQ \tag{7.15}$$

$$I \equiv X + iY \tag{7.16}$$

其中"+"代表偶修正线圈结构,且"−"为奇修正线圈结构。方程(7.11)至(7.16)中右手边的所有变量都是实数。

可以通过改变误差场线圈电流 $I = X + iY$,得到电磁矩的最小值,等效为

$$\delta T = 0 \tag{7.17}$$

通过改变 δX 和 δY ,可以得到一组方程来确定未知量 X 和 Y

$$(D_{\mathrm{R}} + D_{\mathrm{R}}^{\mathrm{T}}) X + (D_{\mathrm{I}} - D_{\mathrm{I}}^{\mathrm{T}}) Y = - (C_{\mathrm{R}} + B_{\mathrm{R}}^{\mathrm{T}}) P - (C_{\mathrm{I}} - B_{\mathrm{I}}^{\mathrm{T}}) Q \tag{7.18}$$

$$(D_{\mathrm{I}}^{\mathrm{T}} - D_{\mathrm{I}}) X + (D_{\mathrm{R}} + D_{\mathrm{R}}^{\mathrm{T}}) Y = (C_{\mathrm{I}} - B_{\mathrm{I}}^{\mathrm{T}}) P - (C_{\mathrm{R}} + B_{\mathrm{R}}^{\mathrm{T}}) Q \tag{7.19}$$

定义

$$E \equiv \begin{bmatrix} D_R + D_R^T & D_I - D_I^T \\ D_I^T - D_I & D_R + D_R^T \end{bmatrix} \tag{7.20}$$

$$F \equiv \begin{bmatrix} -(C_R + B_R^T) & -(C_I - B_I^T) \\ C_I - B_I^T & -(C_R + B_R^T) \end{bmatrix} \tag{7.21}$$

$$Z \equiv \begin{bmatrix} X & Y \end{bmatrix}^T \tag{7.22}$$

$$S \equiv \begin{bmatrix} P & Q \end{bmatrix}^T \tag{7.23}$$

得到

$$EZ = FS \ \text{或} \ Z = E^{-1}FS = GS \tag{7.24}$$

其中矩阵 $G \equiv E^{-1}F$ 在奇、偶修正线圈两种情况下是不同的。只要可以从数值上计算电磁矩矩阵,等式(7.24)就可以解析地解决净电磁矩最小值的问题,这就是半解析的过程。

等式(7.24)的解析过程,使我们可以很容易地找到固有误差场,并且与实验中罗盘扫描法的结果符合。由于等效线圈电流 Z 容易计算,故由其得到实验中奇、偶修正线圈结构下罗盘扫描法预测的真空场。等式(7.24)中的等效电流 Z 可以用于得到 S。事实上,通过解下面的等式,找到固有误差场 S,该误差场同时符合实验奇、偶修正线圈结构下罗盘扫描法的实验数据。

$$\begin{bmatrix} G_{even} \\ G_{odd} \end{bmatrix} S = \begin{bmatrix} Z_{even} \\ Z_{odd} \end{bmatrix} \tag{7.25}$$

等式(7.25)中左面的矩阵 G 是 $4 \times (2M)$ 维度,S 是 $(2M) \times 1$ 维度,右面的矩阵是 4×1 维度。等式(7.25)可解的条件是 $M \geqslant 2$。$M=2$ 时,在 G 没有奇点的情况下,解是唯一的。$M>2$ 时,解不是唯一的,可以得到多个固有误差场频谱与实验中的罗盘扫描法结果一致,我们将进一步讨论这种情况。已经提到的 $M=1$(固有误差场只包含单个谐波),此时等式(7.25)则无解。换句话说,只有单谐波的固有误差场,不可能同时满足奇偶修正线圈结构罗盘扫描法的实验结果。当然,等式(7.25)也可以将奇、偶线圈结构分开求解。这种情况,可以得到

$M = 1$ 的解。

当 $M > 2$ 时,等式(7.25)则会有很多的解,也就可以对固有误差场进行进一步的限定。第一种可能,可以使固有误差场的全局幅值最小。这种限定是与 Criterion A 和 B 中的单模误差场有关。因为 Criterion A 和 B 预测的 $m/n = 2/1$ 固有误差场的值都比实验预期值大很多。

我们将等式(7.25)进行分割

$$[\,G_1 \mid G_2\,] \begin{bmatrix} S_1 \\ S_2 \end{bmatrix} = [\,Z\,] \qquad (7.26)$$

式中,G_1 和 S_1 分别是 4×4 和 4×1(假设 G_1 是没有奇点的)。对于任意的 S_2,等式(7.26)可以用于解 S_1

$$S_1 = G_1^{-1} Z - G_1^{-1} G_2 S_2 \qquad (7.27)$$

现在计算固有误差场全局幅值的最小值,进一步计算得到

$$
\begin{aligned}
f(S_2) &= S_1^{\mathrm{T}} S_1 + S_2^{\mathrm{T}} S_2 = \parallel S \parallel^2 \\
&= [\,(G_1^{-1} Z - G_1^{-1} G_2 S_2)^{\mathrm{T}} (G_1^{-1} Z - G_1^{-1} G_2 S_2)\,] + S_2^{\mathrm{T}} S_2 \\
&= \{[\,Z^{\mathrm{T}} (G_1^{-1})^{\mathrm{T}} - S_2^{\mathrm{T}} G_2^{\mathrm{T}} (G_1^{-1})^{\mathrm{T}}\,] (G_1^{-1} Z - G_1^{-1} G_2 S_2)\} + S_2^{\mathrm{T}} S_2 \qquad (7.28) \\
&= Z^{\mathrm{T}} (G_1^{-1})^{\mathrm{T}} G_1^{-1} Z - Z^{\mathrm{T}} (G_1^{-1})^{\mathrm{T}} G_1^{-1} G_2 S_2 - S_2^{\mathrm{T}} G_2^{\mathrm{T}} (G_1^{-1})^{\mathrm{T}} G_1^{-1} Z \\
&\quad + S_2^{\mathrm{T}} G_2^{\mathrm{T}} (G_1^{-1})^{\mathrm{T}} G_1^{-1} G_2 S_2 + S_2^{\mathrm{T}} S_2.
\end{aligned}
$$

通过变化 S_2,得到的电磁矩最小,等价为

$$\delta f = 0 \qquad (7.29)$$

得到

$$S_2 = [\,G_2^{\mathrm{T}} (G_1^{-1})^{\mathrm{T}} G_1^{-1} G_2 + K\,]^{-1} G_2^{\mathrm{T}} (G_1^{-1})^{\mathrm{T}} G_1^{-1} Z \qquad (7.30)$$

其中,K 为单位矩阵。对于 $M > 2$,也得到了固有误差场的唯一解。

7.3.2　MARS-F 程序的相关研究成果

1）MAST 装置中误差场修正的数值研究

刘钺强等人利用 MARS-F 程序基于不同的判定方法预测 MAST 装置中最优的修正电流，并与实验结果做对比，找到最适合 MAST 装置的误差场修正判定方法[79]。该研究利用了等效面电流的方法代替真实的误差场，等效电流极向面如图 7.6 所示。

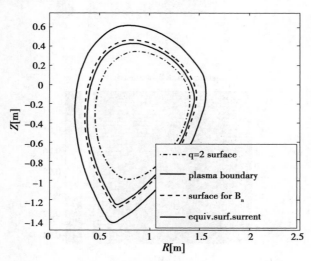

图 7.6　$q=2$ 有理面、等离子体边界和在
等离子体边界外的等效面电流面[79]

MARS-F 程序证实考虑等离子体响应可以更准确地预测实验中误差场修正的最优值。基于 Criterion A，电阻等离子体响应模型预测的最优修正电流与真空模型相比，可以更好地与实验结果符合，同时也说明 MAST 装置中等离子体有很强的傅里叶模数耦合效应。并且证实，基于 Criterion B 的判定方法也适用于 MAST 装置，如图 7.7 所示。

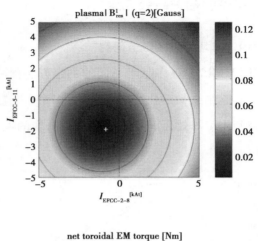

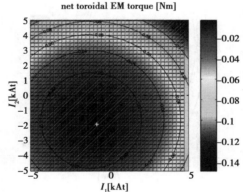

图 7.7　MARS-F 数值模拟 MAST 装置中误差场修正实验[79]

　　考虑等离子体扰动位移判定方法的原因是托卡马克装置运行时,当等离子体面与第一壁之间的距离很近时,使扰动位移最小化可以避免等离子体接触到第一壁。但是基于等离子体扰动位移的不同判定方法,预测的最优误差场修正电流与 MAST 装置中的实验结果符合得并不好。在该研究中考虑理想和电阻等离子体响应两种情况,基于单模的奇异值分解判定方法得到的结果与实验符合得也不好。

2)EAST 装置中误差场修正的数值研究

　　2018 年,杨旭等人利用 MARS-F 程序数值研究了 EAST 装置中的误差场修正问题[149]。由于不同托卡马克装置中的固有误差场源不同,每个装置中会有很多的误差场源,并且三维固有误差场通常具有复杂的频谱,所以很难直接模拟所有的误差场源。该研究采取替代的方法,即提前在 $q=2$ 有理面处给定误差场的极向频谱,之后调节给定误差场的幅值和环向相位,得到符合 EAST 装置中罗盘扫描法测得的实验结果。

实验中,在奇、偶修正线圈结构下,利用罗盘扫描法(基于锁模的判定方法),改变误差场修正电流的幅值和相位,确定 $m/n=2/1$ 共振固有误差场,而且不同的修正线圈结构得到完全不同的误差场。

数值模拟同样利用类似的罗盘扫描法,但是利用两种不同的判定方法:考虑等离子体响应的情况下,完全消除 $q=2$ 有理面处的共振场(Criterion A);是使全局共振电磁矩最小(Criterion B),而不是实验中锁模的判定方法。数值模拟最大优势是可以提前给定"真实的"固有误差场,计算等离子体对给定固有误差场的响应,之后再利用基于上述两种判定方法的罗盘扫描法得到真空误差场。

基于 Criterion A,罗盘扫描法的结果只能与实验中奇或偶修正线圈结构中的一种情况符合,不能同时满足,并且与给定"真实的"真空误差场的极向频谱无关。基于 Criterion B,给定的 $n=1$ 固有真空误差场包含多个极向谐波时,则可能同时与实验中的奇、偶修正线圈结构下罗盘扫描法的结果一致。在半解析过程中,可以直接给定固有误差场的极向频谱,且给定的误差场可以使得数值模拟结果与实验中罗盘扫描法得到的结果完全一致。也证实利用罗盘扫描法得到的固有误差场的确与外加误差修正场的极向频谱有关。尽管给定的固有误差场源一致,外加误差修正场的极向频谱不同,得到的预测场也不同,如图 7.8、图 7.9 所示。

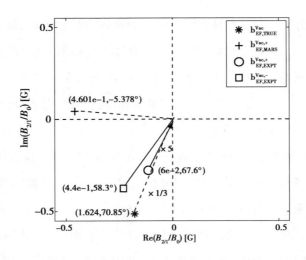

图 7.8　基于 Criterion A，MARS-F 利用罗盘扫描法"预测的"$m/n = 2/1$

真空误差场和给定的固有误差场与实验结果的对比[149]

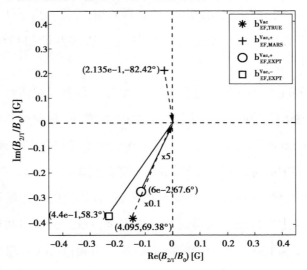

图 7.9　基于 Criterion B，MARS-F 利用罗盘扫描法"预测的"$m/n = 2/1$

真空误差场和给定的固有误差场与实验结果的对比[149]

　　该研究的主要目的不是预测 EAST 装置中的固有误差场，而是解释为什么不同的修正线圈结构下，罗盘扫描法能得到不同的固有误差场。研究证实，罗盘扫描法的确不能得到真实的固有误差场，这是该工作得到的主要结论。尽管如此,仍可能通过 Criterion B 预测 EAST 装置中"真实的"$n=1$ 固有误差场,如图 7.10 所示。而且急需在实验中通过直接测量"真空放电"的磁场来确定装置中真实的固有误差场。

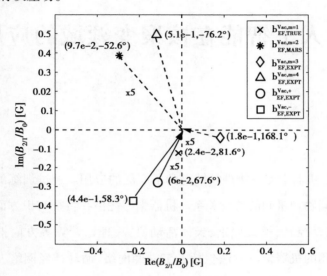

图 7.10　基于 Criterion B,利用半解析方法,得到的固有误差场
与罗盘扫描法"预测的"$m/n=2/1$ 真空误差场的对比[149]

　　基于 Criterion B,给定的 $n=1$ 固有真空误差场包含多个极向谐波时,利用罗盘扫描法计算预测的 $m/n=2/1$ 误差场可以同时与实验中的奇、偶修正线圈结构下罗盘扫描法的结果一致。而且罗盘扫描法预测的真空误差场与 MARS-F 程序中给定的误差场不同,该结果对误差场修正实验和利用罗盘扫描法确定固有误差场的方法有了进一步的理解。

8. 人工智能在核聚变领域的应用

　　近年来，机器学习在物理领域得到了广泛的应用。经过训练的神经网络，可构建起不同物理量间的映射关系。机器学习凭借在特征辨识方面的优势，在诊断监测、自动控制、模式识别、天体活动研究、理论计算等方面得到了应用。物理学中常用的机器学习方法包括人工神经网络、循环神经网络、径向基神经网络、自组织神经网络、决策树、遗传算法等。

　　人工神经网络源于生物学上神经系统，将复杂的自然神经元进行抽象，其最重要的功能是实现复杂的、多维度的非线性映射。采用不同的数学模型就会得到不同的神经网络方法。其中最为经典的是多层感知机，一般由输入层、隐藏层、输出层组成。该方法输入的是一个个样本点，且认为每个样本点是独立的。前馈神经网络是一种神经元分层排列、各层神经元只与前一层中的神经元连接、层间不存在反馈的神经网络，具有较强的多维映射能力，适合解决光谱诊断这类问题。卷积神经网络是一类包含卷积计算且具有深度结构的前馈神经网络，常用于分析、处理影像数据。

　　循环神经网络是用来处理序列数据的神经网络，它克服了传统多层感知机对序列数据处理的低效率。循环神经网络相当于多个多层感知机横向连接，相邻多层感知机之间的隐藏层之间全连接，使得信息不仅可以向下一层传递信号，而且可以向相邻多层感知机传递信号。作为一种特殊的循环神经网络，长短期记忆人工神经网络利用输入门、输出门、遗忘门不仅克服了循环神经网络梯度消失和爆炸的问题,而且还可以保持网络的长期记忆状态。递归神经网络是循环神经网络的推广,主要用于文本分析或语言处理。双神经网络包含两个子网络,子网络各自接收一个输入,将其映射至高维特征空间,并输出对应的表征。

径向基神经网络则是利用径向基函数作为隐单元的“基”构成隐含层空间,可以将输入矢量直接映射到隐空间。隐含层的作用是把向量从低维度映射到高维度,这样低维度线性不可分的情况到高维度就变得线性可分了。

自组织神经网络是基于无监督学习方法的神经网络。它模拟人脑中处于不同区域的神经细胞分工不同的特点,即不同区域具有不同的响应特征,且这一过程是自动完成的。自组织映射网络通过寻找最优参考矢量集合来对输入模式集合进行分类。

决策树是预测模型,它代表的是对象属性与对象值之间的一种映射关系。树中每个节点表示某个对象,而每个分叉路径则代表某个可能的属性值,而每个叶节点则对应从根节点到该叶节点所经历路径所表示的对象的值。决策树仅有单一输出,若欲有复数输出,可以建立独立的决策树以处理不同输出。在机器学习中,随机森林是包含多个决策树的分类器,并且其输出的类别由个别树输出的类别的众数而定。

遗传算法是 20 世纪 70 年代初美国 Michigan 大学的 Holland 教授发展起来。遗传算法是基于自然进化论的计算模型,并利用进化过程寻求最优解。该方法不需要函数的连续性,可以直接对对象进行操作,利用概率化的寻优方法可以自适应地调整搜索空间和方向。

8.1 人工智能在识别、预测等离子体大破裂方面的应用

等离子体大破裂是托卡马克装置运行中必须避免的。现有的托卡马克装

置大多可以承受放电过程中的大破裂,但是对于未来的 ITER、CFETR 装置,发生的大破裂会对装置造成不可挽回的损失。在发生大破裂的过程中,等离子体热能会快速散失,同时会导致等离子体位置和形状改变,进而引起等离子体碰撞装置的壁材料,使等离子电流在瞬间坍塌,随之产生的涡流会与强磁场发生相互作用,并产生很大的应变力,使装置损坏。更严重的破坏是热流直接撞向壁材料和偏滤器材料,导致装置的使用寿命大大降低。因此,缓解或抑制大破裂一直是科学家们很关注的研究课题。等离子体破裂分为 3 个阶段:先兆阶段 (1 ms ~ 100 ms)、热猝灭阶段 (~ 0.1 ms)、电流猝灭阶段 (~ 10 ms),这 3 个阶段的时长与装置尺寸有关,且有的破裂没有先兆阶段或先兆阶段时间极短。

托卡马克装置在运行过程中出现大破裂,有可能是撕裂模、电阻壁模、边缘局域模等不稳定性造成的,也有可能是多种不稳定性集体造成的。形成大破裂的原因过于复杂,通常包含多个等离子体不稳定性相互耦合的结果,对于磁流体模型来说太复杂,所以现有的理论模型不能达到预测等离子体放电大破裂的目的,但是机器学习具备相应的优势,它可以将整个等离子体运行过程看成一个黑盒子,经过大规模的训练,可以成功预测大破裂的发生。利用已经发生过大破裂放电中的等离子体参数对网络进行训练,网络中的参数在训练的过程中不断地调整,直到输出的破裂时间与实验中的参数一致,训练过的神经网络可以用于预测和识别新的实验过程中的破裂时间。

早在 20 世纪,科学家就已经将人工智能应用到托卡马克装置中等离子体大破裂的预测。1996 年,Hernandez 等人首次利用神经网络算法对 TEXT 装置中的大破裂进行预测[150]。该研究利用了等离子体放电过程中的破裂放电和非破裂放电,采用带惯性项的反向传播算法对程序进行训练。该研究利用了单步和多步预测两种方法,其中单步预测法是利用实验中的极向扰动场,预测下一个数值,其中时间间隔为 0.04 ms;多步预测法是将预测的输出值反馈到输入中,用于预测新的输出值。该研究证实利用神经网络算法可以在大破裂发生 1 ms 前预测到大破裂的发生,如图 8.1 所示。该研究的重要意义在于研究大破裂过程中的物理机制可能不是很急迫的事情,科学家可以在不清楚大破裂中物理机制的前提下,通过神经网络算法对大破裂的发生时间进行预测。该研究也开启了神经网络算法在聚变等离子体研究中的应用。

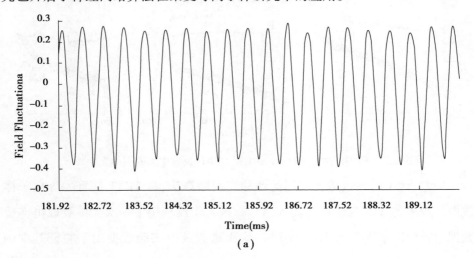

(a)

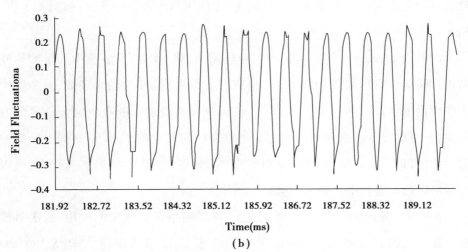

(b)

图 8.1　破裂发生前 1 ms 预测到 TEXT 装置中大破裂的发生[150]

1997 年,Wroblewski 等人,利用人工神经网络结合等离子体诊断参数和 DIII-D 装置中的高比压等离子体大破裂的边界条件,在破裂发生前的 100 ms 预测到大破裂的发生，如图8.2[151]所示。

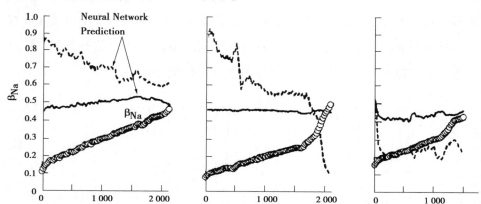

图8.2　破裂发生前100 ms预测到DIII-D装置中大破裂的发生[151]

　　1999 年，Vannucci 等人利用前馈神经网络算法，将 TEXT 装置中等离子体放电过程中的软 X 射线作为输入信号。该工作仅利用了一次大破裂放电实验数据对神经网络进行了训练，另外一次大破裂放电实验数据用于验证其准确性。该研究表明可以在大破裂发生前 3 ms 预测到大破裂的发生，如图 8.3[152]所示。

　　2001 年，Sengupta 等人利用人工神经网络，将 ADITYA 装置中大量的诊断数据（Mirnov 探针、软 X 射线和 H_α 追踪器测得数据）作为输入参数，对装置中大破裂的发生情况进行了预测[153]。该研究证实增加诊断数据输入信息的有限组合，可以显著提高预测的性能。可以在破裂发生前 8 ms 预测到大破裂的发生，并且信号失真很小，且没有明显的时间延迟，如图 8.4 所示。该方法可以完成 ADITYA 装置中大破裂的实时预测任务。

　　2001 年，Morabito 等人进一步改进了神经网络在聚变中的应用，首次对模糊算法在大破裂预测的应用效果进行了评估[154]。该方法将 ASDEX Upgrade 装置中的实验数据分为四个子集，利用这四个子集分别训练四个人工神经网络，由径向基函数网络决定使用哪一个子集预测大破裂的发生。该研究是利用相对小的测试集给出的结果。因此，大破裂预测系统必须利用 ASDEX Upgrade

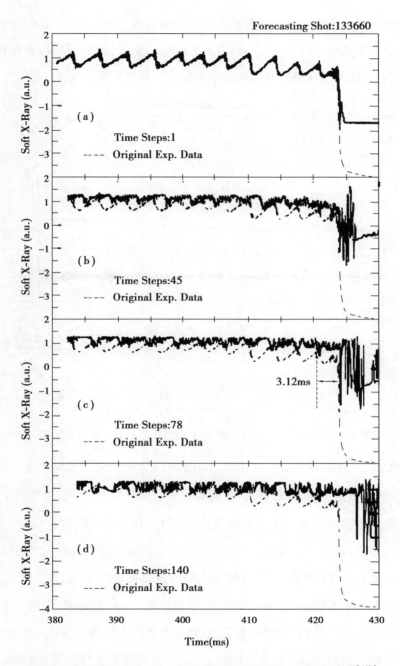

图 8.3　破裂发生前 3.12 ms 预测到 TEXT 装置中大破裂的发生[152]

装置中更广泛的数据库对其进行验证。在大破裂发生前,在 50 ~ 400 ms 范围内正确开启警报的概率约为 95% ,如图 8.5 所示。此外,检测到的假警报数量非常有限,并且该系统能够非常精确地估算大破裂发生的剩余时间。

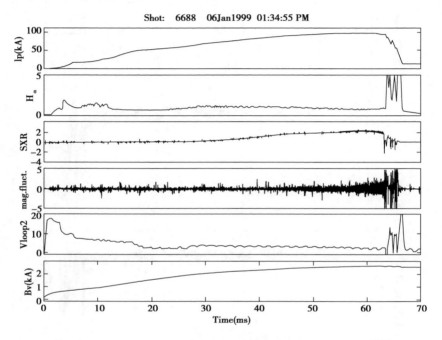

图 8.4　破裂发生前 8 ms 预测到 ADITY 装置中大破裂的发生[153]

2002 年,Pautasso 等人在 ASDEX Upgrade 装置上安装了等离子体大破裂的在线预警器,该预警器可以缓解甚至避免大破裂的发生[155]。该预测利用 99 次大破裂放电中提取的 8 个等离子体参数及其时间导数对该前馈神经网络进行了训练。并且,该网络经过 500 多次离线测试,能够预测到放电过程中主要的大破裂。经过训练的网络被安装在 ASDEX Upgrade 装置上,如图 8.6 所示,经过超过 128 次放电的测试,证实该系统是可行的,并且相对可靠,可以广泛应用。前馈神经网络的输出快速,更适合于实时监控大破裂的发生。此外,该研究选定的输出量是大破裂的发生时间,知道大破裂的发生时间则可能缓解甚至避免大破裂的发生。该研究还证实了预测到大破裂的发生之后,通过向等离子体内注入杂质可以使放电终止,从而避免大破裂爆发过程中装置受到热负荷,如图 8.7 所示。

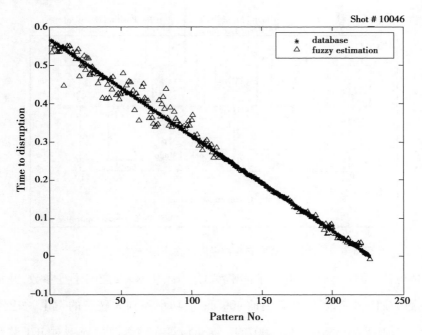

图 8.5　预测到 ASDEX Upgrade 装置中大破裂的发生时间[154]

　　2003 年,Yoshino 利用神经网络对 JT-60U 装置中的等离子体大破裂进行了预测[156]。该研究分两步对神经网络进行了训练,第一步是先利用 JT-60U 装置中 12 个破裂放电和 6 个非破裂放电,总共 8 011 个数据点集进行训练。第二步是对 12 个破裂放电的输出数据集进行修正,之后再利用生成的附加数据点集再次训练网络。该研究利用了 JT-60U 装置中 1991—1999 年间的 300 个破裂放电(128 945 个数据点集)和 1 008 个非破裂放电(982 800 个数据点集)进行了测试,不是由于比压极限引起的大破裂,提前 10 ms 预测到大破裂发生的成功率达到 97% ~ 98%,提前 30 ms 预测到大破裂发生的成功率也高达 90%,如图 8.8 所示。

　　2004 年,Cannas 等人利用人工神经网络多层感知机模型,利用 JET 装置大破裂实验中稳定阶段的等离子体诊断参数对其进行训练。该诊断参数包括等

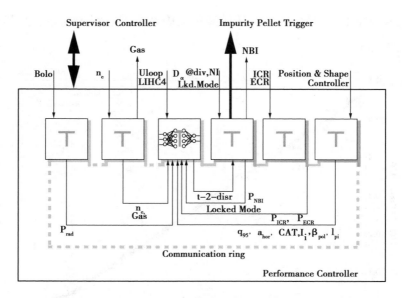

图 8.6 性能控制器中安装神经网络在线预警器的示意图[155]

离子体电流、总径向功率、等离子体密度、总输入功率、安全因子等参数,并估算大破裂爆发的风险,可以在破裂前 400 ms 成功预测到大破裂的发生,如图 8.9 所示,成功率高达 85%[157]。2007 年,Cannas 等人继续改进模型对 JET 装置中的等离子体大破裂的发生情况进行预测。该模型可以实时用于监控 JET 装置中大破裂的发生,可以在破裂前 100 ms 成功预测大破裂的发生,失败率低于 1%[158]。2010 年,Cannas 等人利用自组织映射网络对 ASDEX Upgrade 装置中 2002—2004 年 100 次大破裂放电的实验数据进行简化,提高了人工神经网络的训练效率,并利用人工神经网络多层感知机算法对 ASDEX Upgrade 装置中的放电过程进行实时监控[159]。

2010 年,Rattá 等人利用了 JET 装置中 2000—2007 年的实验数据对支持向量机算法进行训练。该研究利用 JET 装置中的诊断信号(包括等离子体电流、锁模幅值、等离子体密度、安全因子等参数)进行训练,实现对 JET 装置实时监控[160]。2012 年,Rattá 等人利用遗传算法,可以在 JET 装置破裂前 200 ms 预测到大破裂的发生,成功率超过 90%,如图 8.10[161]所示。

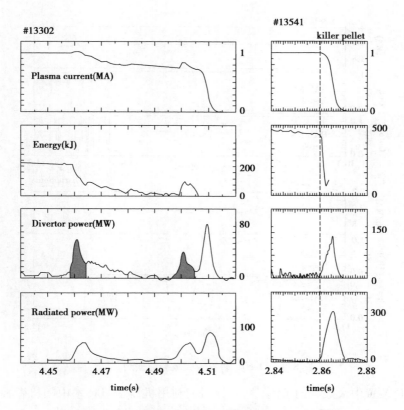

图 8.7　破裂过程中是否注入弹丸的能量对比图[155]

　　2010 年,马瑞、王爱科等人利用人工神经网络对 HL-2A 装置中破裂放电进行了离线预测[162]。该工作采用了两种方法训练网络,一种方法是采用 13 个原始实验数据归一化后,直接训练网络;第二种是把训练样本中的 Mirnov 原始实验信号进行预处理,获得其振幅和周期的乘积,用这个乘积量代替原始信号用于训练网络,目的是突出 Mirnov 原始信号隐含的破裂信息。该研究对两种训练方法进行了比较,研究证实第二种方法可以更加准确地预测破裂的发生。但是该研究仅对 Mirnov 信号进行了预处理,可以尝试对其他的实验诊断信号进行合适的预处理,从而更好地预测 HL-2A 装置中大破裂的发生。

　　2018 年,Rea 等人发展了分类算法,利用 DIII-D 和 Alcator C-Mod 装置中破裂放电和非破裂放电中的相关参数对其进行训练,其最终目的是将该算法运用

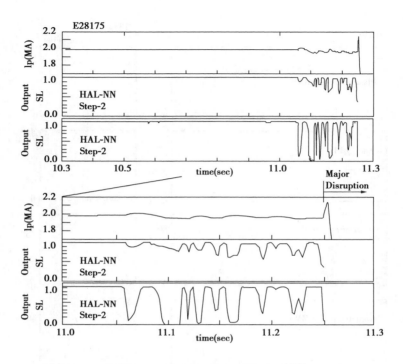

图 8.8　JT-60U 装置中大破裂的预测[156]

到 ITER 装置中大破裂的预测[163]。该研究利用机器学习技术中随机森林算法探究了 DIII-D 和 Alcator C-Mod 装置中可用的数据集。表明利用 DIII-D 装置中的实验数据集进行训练,在 Alcator C-Mod 装置中进行测试,得到的结果不是很好。然而,利用 Alcator C-Mod 装置中实验数据集进行训练,在 DIII-D 装置中进行测试,得到的结果相对较好。原因是除了两个装置的几何位形和材料不同之外,这两个装置物理进程的时间尺度也是不同的,其中 DIII-D 装置的时间尺度是 0.1 s,而 Alcator C-Mod 装置是 0.04 s;两个装置的电流弛豫时间也不同,DIII-D 装置是 1 s,Alcator C-Mod 装置是 0.2 s;由于 DIII-D 装置中面向等离子体的壁材料是石墨,而不是金属,热等离子体中的石墨辐射效率不如金属,所以 DIII-D 装置的热能量密度和磁场相对较小,因此流入偏滤器的热流很少,而 ITER 装置将利用钨材料偏滤器,其热能密度、磁场以及平行于偏滤器的热流将与 Alcator C-Mod 装置非常相似,因此 ITER 装置中的大破裂可能更像 Alcator

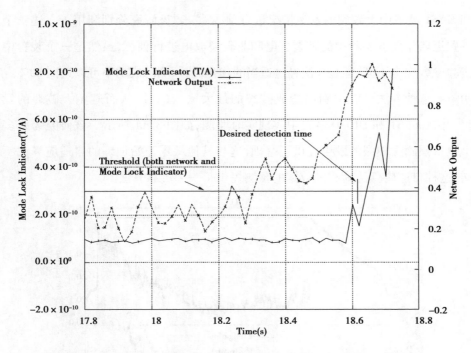

图 8.9　破裂发生前 400 ms 预测到 JET 装置中大破裂的发生[157]

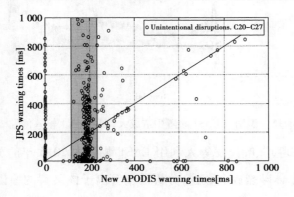

图 8.10　破裂发生前 200 ms 预测到 JET 装置中大破裂的发生[161]

C-Mod 装置中的大破裂,而与 DIII-D 装置中的大破裂不同。该研究证实随机森林算法很难利用其他装置的数据集对网络进行训练,从而预测 ITER 装置中大破裂的发生时间。

2019 年,Montes、Rea 等人利用随机森林算法分别对 Alcator C-Mod、DIII-D

和 EAST 装置中大破裂的发生情况进行预测[164]。该研究分别利用了上述三个装置近四年放电实验中的破裂放电和非破裂放电进行训练,虽然这三个装置中实验参数完全不同,但是算法经过适当的优化后,预测的成功率可以达到80% ~ 90%。这种方法可以识别出造成破裂的最大输入信号,从而避免大破裂的发生,并在 EAST 和 DIII-D 装置中实现实时监测,如图 8.11 所示。该研究为跨多个设备预测大破裂的发生提供了基础,这与其他从零开始训练的自适应算法不同,这种自适应算法为有限数据的预测提供了一种可靠算法。

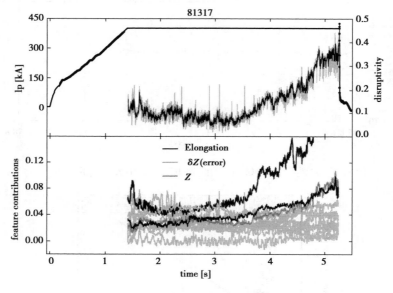

图 8.11　识别出 EAST 装置中造成大破裂的最大输入信号[164]

2019 年,谭胜均、叶民友等人利用 EAST 装置中 2016 年的放电实验,选取了 119 次等离子体破裂放电数据,分析诱发等离子体破裂的原因,发现约 60% 的大破裂是由垂直不稳定性直接引起的,其破裂后将会产生更大的电流,从而产生更大的电磁应力损坏装置[165]。对由垂直不稳定性引起的大破裂进行了研究,建立了分别基于单变量(垂直位移)和双变量(垂直位移、垂直位移增长率)的预测模型用于对由垂直不稳定性引起的大破裂进行预测。离线测试表明,基于双变量的预测模型可以在破裂发生前 20 ms 给出破裂预警信号,预测成功率达 93% 。

2020 年，Churchill 等人利用 DIII-D 装置中电子回旋发射成像诊断的原始数据对深度卷积神经网络进行训练，并提前 260 ms 预测到 DIII-D 装置中大破裂的发生，如图 8.12[166] 所示。该模型的特点是不需要绘制输入数据的特性，并且与常见的序列神经网络（类似长-短期记忆的递归神经网络）相比，可以识别长序列中的长程、多尺度现象。该研究证实利用破裂前电子回旋发射成像诊断的原始数据，足以预测大破裂的发生，即深度学习可以直接利用高时间分辨率诊断的原始数据预测大破裂的发生。该研究同时也证实深卷积神经网络可以用于研究多尺度、多物理特性问题。

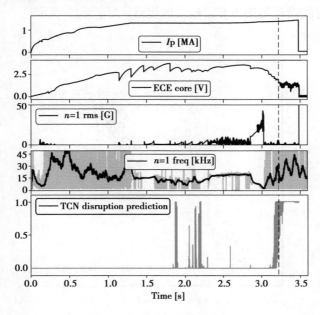

图 8.12　破裂发生前 260 ms 预测到

DIII-D 装置中大破裂的发生[166]

8.2 人工智能在聚变等离子体数据分析方面的应用

1991 年,Lister 等人首次利用多层感知机,通过非线性映射从等离子体诊断中提取等离子体位形[167]。并且,该方法也成功应用到 DIII-D 装置中,用于提取单零点偏滤器位形的平衡参数。

1992 年,Allen 等人将神经网络应用于 JET 装置,利用实验数据对装置中能量约束时间进行了定标[168]。结果表明,与线性回归方法相比,神经网络方法对能量约束时间的预测能力有了很大的提高,如图 8.13 所示。

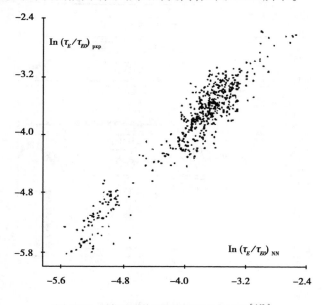

图 8.13　神经网络预测能量约束时间[168]

1993 年,Bishop 等人利用神经网络技术,可以快速地对 JET 装置中的电荷交换频谱数据进行分析,且不需人员监督[169]。并且证实神经网络方法非常适合于对大量数据进行快速的热间分析,可以很容易地在专用硬件上实现实时应用。

1994 年,Coccorese 等人利用单隐层反向传播神经网络建立了非圆截面等离子体中,磁通量测量值与等离子体位形参数之间的非线性映射,并将该技术应用于 ASDEX Upgrade 装置中,用于识别偏滤器的 X 点[170]。

1996 年,Albanese 等人利用神经网络从测量磁场中快速识别 ITER 装置中的等离子体平衡[171]。该研究也说明人工神经网络技术也可以为磁场传感器数量和位置的选择提供新的算法,并初步分析了装置材料中涡流对等离子体的影响。

1997 年,Wroblewski 等人利用 DIII-D 装置中平衡数据集对神经网络进行训练,神经网络估算了与电流相关的安全因子剖面,如图 8.14[172]所示。该研究证实了经过适当训练的神经网络能够实现从磁测量到电流分布之间的复杂非线性映射。

1997 年,Demeter 利用神经网络对 MT-1M 装置的层析成像数据进行了快速处理[173]。该研究证实了神经网络适用于层析数据的快速处理,但是与传统的非线性拟合结果对比相差不大,如图 8.15 所示。所以,有大量层析数据需要处理或者需要对数据实时处理的情况下,才有必要训练这样的神经网络。

2001 年,Javier 等人利用径向基神经网络,通过控制 ITER 装置中的燃烧条件稳定等离子体[174]。该研究证实该网络能够在固定的等离子体参数情况下稳定运行系统。数值算例验证了所得到的径向基神经网络在不确定或噪声环境下,该网络具有通过控制等离子体参数的扰动来适应新环境的能力。并且,利用解析表达式估算了聚变反应产生的 α 粒子的时间。

2001 年,Jeon 等人发展了双神经网络方法,用于快速、可靠地控制等离子体位置[175],并将其应用到 KSTAR 装置上进行了可靠性测试。研究证实双神经网络相对于传统的神经网络更加精确,如图 8.16 所示,不受大的误差影响,具有很强的容错度。

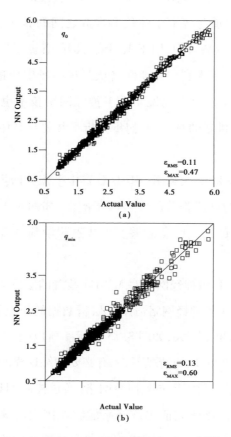

图 8.14　神经网络预测的安全因子[172]

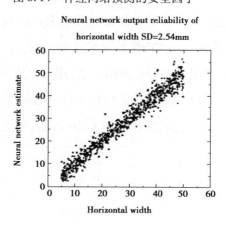

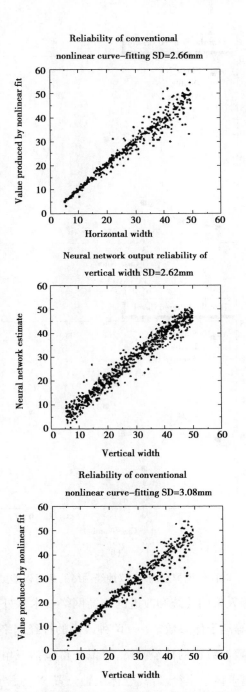

图 8.15 神经网络与传统非线性拟合处理数据的对比[173]

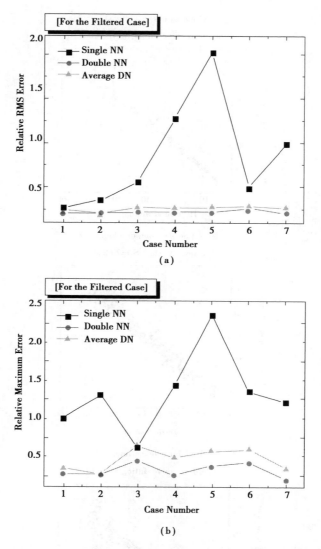

图 8.16　对比传统神经网络,双神经网络的相对误差更小[175]

2002 年,Sengupta 等人采用传统和改进的神经网络技术从外部测量磁场中识别 SSST-I 装置的平衡等离子体参数[176]。两种改进的神经网络技术分别为双神经网络和基于统计函数参数化的神经网络,可以获得包括三角形变、拉长比、等离子体几何中心、等离子体小半径、等离子体磁轴位置、X 点位置等参数。

2002 年,Barana 等人利用神经网络实现 JET 装置中辐射功率的在线计算,如图 8.17[177] 所示。该神经网络的训练利用了约 120 次放电实验的数据,并将热辐射数据、拉长比和三角形变作为神经网络的输入。根据装置中的不同区域设计了三种不同的神经网络,分别用于测定总辐射功率、主体功率和偏滤器区域功率。上述三种神经网络至少利用了 30 次放电的数据对其进行训练,适用于追踪边缘局域模和其他不稳定现象。神经网络在实时信号处理方面,可以替代当前线性组合的反馈控制方法。

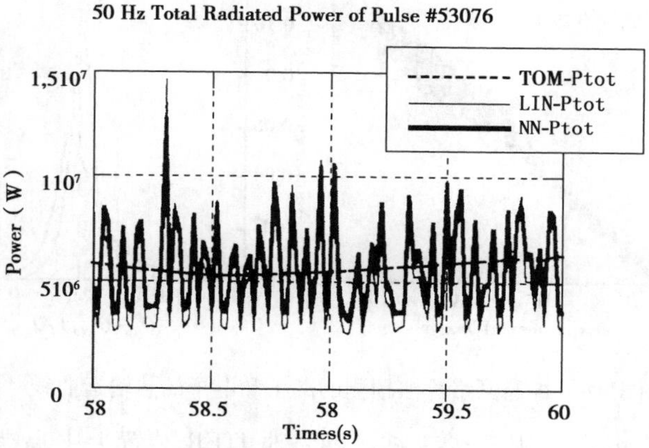

图 8.17　神经网络计算 JET 装置中的辐射功率[177]

2008 年,Greco 等人利用人工神经网络和多类支持向量机确定等离子体位置和形状,并降低了计算复杂度[178]。并且,利用该方法分析了 ITER 装置中等离子体平衡数据。

2014 年,Meneghini 等人利用多层前馈神经网络算法,能够有效而准确地预测离子和电子的热输运曲线,如图 8.18[179] 所示,并且利用 DIII-D 装置中 2012—2013 年的实验数据对神经网络进行训练和测试,验证该神经网络算法的准确性。神经网络预测的剖面非常光滑,这证实了输入参数(归一化的小半径、大半径、拉长比、三角形变、安全因子等)和输运通量之间良好的非随机关系。

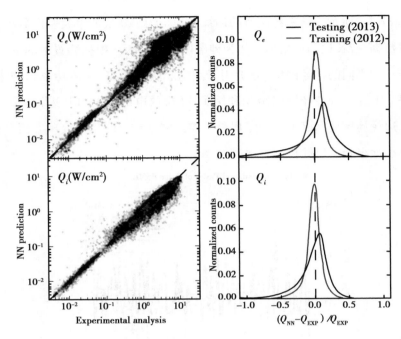

图 8.18　神经网络算法预测的离子和电子的热输运曲线[179]

2016 年,Froio 等人基于人工神经网络对 ITER 装置上中央螺线管和环向场线圈建立了两种简化模型,并利用 4C 代码模拟的数值结果对其进行训练,并将其用于设计和优化控制系统、减小制冷装置的热负荷[180]。该研究证实,相比于 4C 代码,神经网络方法在精度上损失很小,对于中央螺线管线圈,它的计算速度快约 500 倍,对于环向场线圈,速度则快约 103 倍。

2019 年,Jardin 等人研究了利用神经网络对装置中等离子体软 X 射线发射率进行快速层析重建的可能性[181]。事实上,重杂质(如钨)的辐射冷却可能会对 ITER 装置的等离子体芯部性能造成不利影响,因此,开发有效、快速的软 X 射线诊断工具是监测杂质并实时缓解其芯部积累的关键问题。该研究对神经网络进行了测试,利用了以下网络参数:一个输入层 82 个神经元(对应于 Tore Supra 装置中的 82 个半导体二极管),两个隐藏层 30 个神经元,一个输出层 900 个神经元(断层扫描分辨率为 30×30)。从神经网络获得的层析图像显示了软 X 射线发射分布的位置、大小、形状和强度,如图 8.19 所示,为层析重建提供了可能性。

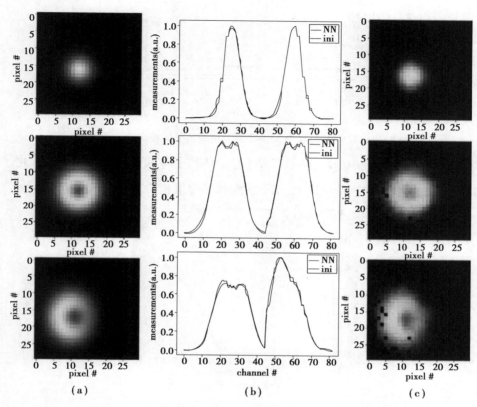

(a)　　　　　　　　　(b)　　　　　　　　　(c)

图 8.19　利用神经网络获得的层析图像得到了软 X 射线

发射分布的位置、大小、形状和强度[181]

2020 年, Matos 等人利用传统神经网络和长短时记忆网络, 对 TCV 装置进行监测, 并对于边缘局域模的发生和等离子体模式进行了分类, 如图 8.20[182] 所示。在监测边缘局域模的过程中, 上述两种网络得到的结果一致, 但是对等离子体模式分类的过程中, 长短时记忆网络能得到更为精确的结果。

2020 年, Gopakumar 等人提出了一种新的完全卷积网络作为函数逼近器来模拟高能物理中的多重物理和复杂的非线性现象[183]。该研究追踪了边缘电子、离子和中性粒子的温度、密度及中性粒子速度的演化, 在执行时间映射时考虑了网格中物理参数的空间依赖性, 确保考虑到等离子体中的基础物理。证实

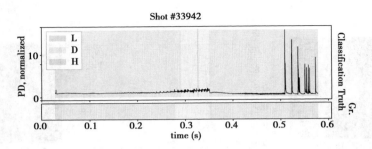

图 8.20　对 TCV 装置中 33 942 次放电等离子体模式的分类[182]

优化的神经网络可以有效地映射装置中整个等离子体和边缘中性粒子的演化，如图 8.21 所示。在这个尺度上，第一次解释了多重相关非线性系统的复杂性。

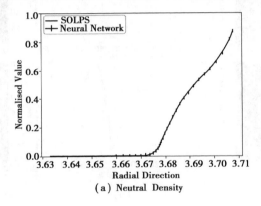

（a）Neutral Density

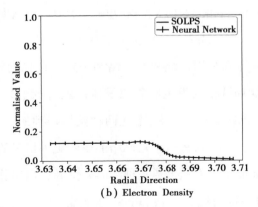

（b）Electron Density

图 8.21　神经网络预测的中性粒子和电子密度在径向的分布[183]

2020 年，Mohapatra 等人利用机器学习中故障检测技术对传感器故障进行实时识别和分类[184],图 8.22 为故障检测与恢复系统的示意图。为了选择训练数据和测试数据,对数据进行随机洗牌,然后将其分成 60% 的训练集和 40% 的测试集。该研究利用了神经网络的多层感知机、K 近邻、支持向量分类器、高斯朴素贝叶斯、决策树、随机森林分类器六种算法,并对这些基于机器学习的故障检测算法的性能进行了评估。从计算复杂度和延迟两个方面比较了它们的性能,并且比较了有噪声和无噪声故障两种情况,以确定最佳的故障检测算法。随机森林分类器在这两种情况下都能很好地检测和分类故障,其速度和精确度都是最好的,并且证实在传感器中加入噪声故障会大大降低故障检测算法的效率。

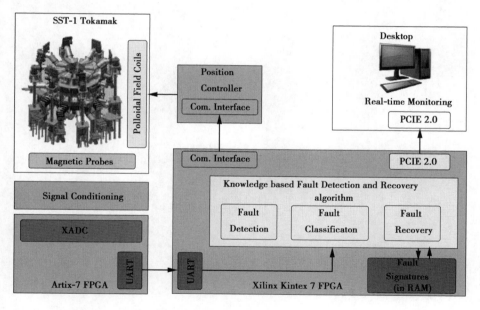

图 8.22　故障检测与恢复系统的示意图[184]

2020 年,刘钺强等人利用神经网络多层感知机算法基于装置中理想外扭曲模不稳定性预测无壁的比压极限[185]。该研究利用半解析的数据集对神经网络进行训练,对于环向模数为 $n=1$ 的等离子体,预测的比压极限误差低于 10%,对于环向模数 $n=2$ 和 $n=3$ 的等离子体,误差低于 20%。基于比压极限预测的神经网络可以集成到其他模型中,也可以直接作为一个实时稳定估计器,应用到实验过程中可避免或缓解大破裂的发生。

　　截至目前,主要是将机器学习应用于识别、预测等离子体大破裂和分析等离子体数据方面。机器学习由于其自身的优越性,在未来的研究中,科学家们一定会将机器学习应用于聚变等离子体中的方方面面。

参考文献

［1］Burdakov A V, Ivanov A A, Kruglyakov E P. Modern magnetic mirrors and their fusion prospects ［J］. *Plasma Physics and Controlled Fusion*, 2010, 52 （12）: 124026.

［2］Bagryansky P A, Shalashov A G, Gospodchikov E D, et al. Threefold Increase of the Bulk Electron Temperature of Plasma Discharges in a Magnetic Mirror Device ［J］. Physical review letters, 2015, 114(20): 205001.

［3］Chen F F. 等离子体物理学导论 ［M］. 北京:人民教育出版社, 1987.

［4］Bykov V, Fellinger J, Egorov K, et al. Sliding weight supports for W7-X magnet system: structural aspects ［J］. Nuclear Fusion, 2015, 55(5): 053002.

［5］Liu W, Mao W, Li H, et al. Progress of the Keda Torus eXperiment Project in China: design and mission ［J］. Plasma Physics and Controlled Fusion, 2014, 56(9): 094009.

［6］李建刚. 我国超导托卡马克的现状及发展 ［J］. 学科发展, 2007, 22 （5）: 404.

［7］潘传红. 国际热核实验反应堆(ITER)计划与未来核聚变能源 ［J］. 物理, 2010, 39(6): 375-378.

［8］Chang Z, Callen J D, Fredrickson E D, et al. Observation of nonlinear neoclassical pressure-gradient-driven tearing modes in TFTR ［J］. Physical review letters, 1995, 74(23): 4663-4666.

［9］Buttery R J, Hender T C, Howell D F, et al. Onset of neoclassical tearing modes on JET [J]. Nuclear Fusion, 2003, 43(3): 69-83.

[10] Buttery R J, Hender T C, Howell D F, et al. On the form of NTM onset scalings [J]. Nuclear Fusion, 2004, 44(5): 678-685.

[11] 胡希伟. 等离子体理论基础 [M]. 北京: 北京大学出版社, 2006.

[12] Wesson J A. Hydromagnetic stability of tokamaks [J], 1978, 18(1): 81-132.

[13] Shafranov V D. Hydromagnetic Stability of a Current-Carrying Pinch in a Strong Longitudinal Magnetic Field [J]. Soviet Physics Technical Physics, 1970, 15(1): 175.

[14] Strait E J. Stability of high beta tokamak plasmas [J]. Physics of Plasmas, 1994, 1(5): 1415-1431.

[15] Finna J M. Stabilization of ideal plasma resistive wall modes in cylindrical geometry: The effect of resistive layers [J]. Physics of Plasmas, 1995, 2(10): 3782-3791.

[16] He Y, Liu Y, Liu Y, et al. Plasma-resistivity-induced strong damping of the kinetic resistive wall mode [J]. Physical review letters, 2014, 113 (17): 175001.

[17] Bishop C M. An intelligent shell for the toroidal pinch [J]. Plasma Physics and Controlled Fusion, 1989, 31(7): 1179-1189.

[18] Chu M S, Okabayashi M. Stabilization of the external kink and the resistive wall mode [J]. Plasma Physics and Controlled Fusion, 2010, 52 (12): 123001.

[19] Liu Y Q, Bondeson A. Active Feedback Stabilization of Toroidal External Modes in Tokamaks [J]. Physical review letters, 2000, 84(5): 907-910.

[20] Liu Y Q, Bondeson A, Fransson C M, et al. Feedback stabilization of nonaxisymmetric resistive wall modes in tokamaks. I. Electromagnetic model [J]. Physics of Plasmas, 2000, 7(3681).

［21］Zhu W, Sabbagh S A, Bell R E, et al. Observation of plasma toroidal-momentum dissipation by neoclassical toroidal viscosity ［J］. Physical review letters, 2006, 96(22): 225002.

［22］Sabbagh S A, Berkery J W, Bell R E, et al. Advances in global MHD mode stabilization research on NSTX ［J］. Nuclear Fusion, 2010, 50(2): 025020.

［23］Ren J, Liu Y, Liu Y, et al. Feedback stabilization of ideal kink and resistive wall modes in tokamak plasmas with negative triangularity ［J］. Nuclear Fusion, 2018, 58(12): 126017.

［24］Bondeson A, Ward D J. Stabilization of external modes in tokamaks by resistive walls and plasma rotation ［J］. Physical review letters, 1994, 72(17): 2709-2712.

［25］Fitzpatrick R, Aydemir A Y. Stabilization of the resistive shell mode in tokamaks ［J］. Nuclear Fusion, 1996, 36(1): 11-38.

［26］Hu B, Betti R. Resistive wall mode in collisionless quasistationary plasmas ［J］. Physical review letters, 2004, 93(10): 105002.

［27］Xia G, Liu Y, Liu Y. Synergetic effects of magnetic feedback and plasma flow on resistive wall mode stability in tokamaks ［J］. Plasma Physics and Controlled Fusion, 2014, 56(9): 095009.

［28］Xia G, Liu Y, Liu Y, et al. Stabilization of resistive wall modes in tokamaks by drift kinetic effects combined with magnetic feedback ［J］. Nuclear Fusion, 2015, 55(9): 093007.

［29］Xia G, Liu Y, Ham C J, et al. Toroidal modeling of resistive wall mode stability and control in HL-2M tokamak ［J］. Nuclear Fusion, 2019, 59(1): 016017.

［30］Xia G, Liu Y, Li L, et al. Effects of poloidal and parallel flows on resistive wall mode instability in toroidally rotating plasmas ［J］. Nuclear Fusion,

2019, 59(12): 126035.

[31] Liu Y. Effects of α particles on the resistive wall mode stability in ITER [J]. Nuclear Fusion, 2010, 50(9): 095008.

[32] Liu C, Liu Y, Liu Y, et al. Effects of plasma shear flow on the RWM stability in ITER [J]. Nuclear Fusion, 2015, 55(6): 063022.

[33] Wagner F, Becker G, Behringer K, et al. Regime of Improved Confinement and High Beta in Neutral-Beam-Heated Divertor Discharges of the ASDEX Tokamak [J]. Physical review letters, 1982, 49(19): 1408-1412.

[34] A Tanga, K H Behringer, A. E. Costley, et al. Magnetic separatrix experiments in JET [J]. Nuclear Fusion, 1987, 27(11): 1877-1895.

[35] Zohm H. Edge localized modes (ELMs) [J]. Plasma Physics and Controlled Fusion, 1996, 38(24): 105-128.

[36] Connor J W. Edge-localized modes—physics and theory [J]. Plasma Physics and Controlled Fusion, 1998, 40(531).

[37] Loarte A, Lipschultz B, Kukushkin A S, et al. Chapter 4: Power and particle control [J]. Nucl Fusion, 2007, 47(6): S203-S63.

[38] Lang P T, Q. P. ELM pace making and mitigation by pellet injection in ASDEX Upgrade [J]. Nuclear Fusion, 2004, 44(665): 655.

[39] Degeling A W, Martin Y R, Lister J B, et al. Magnetic triggering of ELMs in TCV [J]. Plasma Physics and Controlled Furon, 2003, 45(03): 1637-1655.

[40] Kirk A, Suttrop W, Chapman I T, et al. Effect of resonant magnetic perturbations on low collisionality discharges in MAST and a comparison with ASDEX Upgrade [J]. Nuclear Fusion, 2015, 55(4): 043011.

[41] Wade M R, Nazikian R, Degrassie J S, et al. Advances in the physics understanding of ELM suppression using resonant magnetic perturbations in DIII-D [J]. Nucl Fusion, 2015, 55(2): 023002.

[42] Evans T E, Moyer R A, Thomas P R, et al. Suppression of large edge-localized modes in high-confinement DIII-D plasmas with a stochastic magnetic boundary [J]. Physical review letters, 2004, 92(23): 235003.

[43] Zohm H. Edge localized modes (ELMs) [J]. Plasma Phys Control Fusion, 1996, 38(105).

[44] Rosenblthd M N, Sagdeev R Z, Tayloe J B, et al. Destruction of magnetic surfaces by magnetic field irregularities [J]. Nuclear Fusion, 1966, 6(297-300).

[45] Filonenko N N, Sagdeev R Z, Zaslavsky G M. Possible applications of a resonant helical magnetic field in the tokamak boundary [J]. Nuclear Fusion, 1987, 7(12): 2171-2178.

[46] Evans T E, Roeder R K W, Carter J A, et al. Experimental signatures of homoclinic tangles in poloidally diverted tokamaks [J]. Journal of Physics: Conference Series, 2005, 7(1):74-90.

[47] Wootton A J, Carreras B A, Matsumoto H, et al. Fluctuations and anomalous transport in tokamaks [J]. Physics of Fluids B: Plasma Physics, 1990, 2(12): 2879-2903.

[48] Evans T E, Roeder R K W, Carter J A, et al. Homoclinic tangles, bifurcations and edge stochasticity in diverted tokamaks [J]. Contributions to Plasma Physics, 2004, 44(13): 235-240.

[49] Wingen A, Evans T E, Spatschek K H. High resolution numerical studies of separatrix splitting due to non-axisymmetric perturbation in DIII-D [J]. Nuclear Fusion, 2009, 49(5): 055027.

[50] Loarte A, Huijsmans G, Futatani S, et al. Progress on the application of ELM control schemes to ITER scenarios from the non-active phase to DT operation [J]. Nuclear Fusion, 2014, 54(3): 033007.

［51］Wade M R, Nazikian R, Degrassie J S, et al. Advances in the physics understanding of ELM suppression using resonant magnetic perturbations in DIII-D ［J］. Nuclear Fusion, 2015, 55(2): 023002.

［52］Finken K H, Abdullaev S S, Biel W, et al. The dynamic ergodic divertor in the TEXTOR tokamak: plasma response to dynamic helical magnetic field perturbations ［J］. Plasma Physics and Controlled Fusion, 2004, 46(12B): B143-B55.

［53］Wolf R C, Biel W, Bock M F M D, et al. Effect of the dynamic ergodic divertor in the TEXTOR tokamak on MHD stability, plasma rotation and transport ［J］. Nuclear Fusion, 2005, 45(12): 1700-1707.

［54］Evans T E, Moyer R A, Monat P. Modeling of stochastic magnetic flux loss from the edge of a poloidally diverted tokamak ［J］. Physics of Plasmas, 2002, 9(12): 4957-4967.

［55］Ryan D A, Liu Y Q, Kirk A, et al. Toroidal modelling of resonant magnetic perturbations response in ASDEX-Upgrade: coupling between field pitch aligned response and kink amplification ［J］. Plasma Physics and Controlled Fusion, 2015, 57(9): 095008.

［56］Evans T E, Roeder R K W, Carter J A, et al. Experimental signatures of homoclinic tangles in poloidally diverted tokamaks ［J］. Journal of Physics: Conference Series, 2005, 7(1): 174-190.

［57］Roeder R K W, Rapoport B I, Evans T E. Explicit calculations of homoclinic tangles in tokamaks ［J］. Physics of Plasmas, 2003, 10(9): 3796-3799.

［58］Joseph I, Evans T E, Runov A M, et al. Calculation of stochastic thermal transport due to resonant magnetic perturbations in DIII-D ［J］. Nuclear Fusion, 2008, 48(4): 045009.

［59］Liang Y, Koslowski H R, Thomas P R, et al. Active control of type-I edge-

localized modes with n = 1 perturbation fields in the JET tokamak [J].
Physical review letters, 2007, 98(26): 265004.

[60] Fenstermacher M E, Evans T E, Osborne T H, et al. Effect of island overlap on edge localized mode suppression by resonant magnetic perturbations in DIII-D [J]. Physics of Plasmas, 2008, 15(5): 056122.

[61] Evans T E, Fenstermacher M E, Moyer R A, et al. RMP ELM suppression in DIII-D plasmas with ITER similar shapes and collisionalities [J]. Nuclear Fusion, 2008, 48(2): 024002.

[62] Callen J D, Hegna C C, Cole A J. Magnetic-flutter-induced pedestal plasma transport [J]. Nuclear Fusion, 2013, 53(11): 113015.

[63] Lanctot M J, Buttery R J, De Grassie J S, et al. Sustained suppression of type-I edge-localized modes with dominantly n = 2 magnetic fields in DIII-D [J]. Nuclear Fusion, 2013, 53(8): 083019.

[64] Liu Y, Kirk A, Li L, et al. Comparative investigation of ELM control based on toroidal modelling of plasma response to RMP fields [J]. Physics of Plasmas, 2017, 24(5): 056111.

[65] Liang Y, Koslowski H R, Thomas P R, et al. Active control of type-I edge-localized modes with n = 1 perturbation fields in the JET tokamak [J]. Physical review Letters, 2007, 98(26): 265004.

[66] Suttrop W, Eich T, Fuchs J C, et al. First observation of edge localized modes mitigation with resonant and nonresonant magnetic perturbations in ASDEX Upgrade [J]. Physical review Letters, 2011, 106(22): 225004.

[67] Kirk A, Liu Y, Nardon E, et al. Magnetic perturbation experiments on MAST L- and H-mode plasmas using internal coils [J]. Plasma Physics and Controlled Fusion, 2011, 53(6): 065011.

[68] Kirk A, Harrison J, Liu Y, et al. Observation of lobes near the X point in

resonant magnetic perturbation experiments on MAST [J]. Physical review letters, 2012, 108(25): 255003.

[69]Jeon Y M, Park J K, Yoon S W, et al. Suppression of edge localized modes in high-confinement KSTAR plasmas by nonaxisymmetric magnetic perturbations [J]. Physical review letters, 2012, 109(3): 035004.

[70] Sun Y, Liang Y, Qian J, et al. Modeling of non-axisymmetric magnetic perturbations in tokamaks [J]. Plasma Physics and Controlled Fusion, 2015, 57(4): 045003.

[71] Sun Y, Liang Y, Liu Y Q, et al. Nonlinear Transition from Mitigation to Suppression of the Edge Localized Mode with Resonant Magnetic Perturbations in the EAST Tokamak [J]. Physical review letters, 2016, 117(11).

[72]Liu Y, Ryan D, Kirk A, et al. Toroidal modelling of RMP response in ASDEX Upgrade: coil phase scan, q95 dependence, and toroidal torques [J]. Nuclear Fusion, 2016, 56(5): 056015.

[73]Liu Y, Connor J W, Cowley S C, et al. Toroidal curvature induced screening of external fields by a resistive plasma response [J]. Physics of Plasmas, 2012, 19(7): 072509.

[74]Kirk A, O'gorman T, Saarelma S, et al. A comparison of H-mode pedestal characteristics in MAST as a function of magnetic configuration and ELM type [J]. Plasma Physics and Controlled Fusion, 2009, 51(6): 065016.

[75]Reimerdes H, Bialek J, Chance M S, et al. Measurement of resistive wall mode stability in rotating high-β DIII-D plasmas [J]. Nuclear Fusion, 2005, 45(5): 368-376.

[76] Turnbull A D, Ferraro N M, Izzo V A, et al. Comparisons of linear and nonlinear plasma response models for non-axisymmetric perturbations [J]. Physics of Plasmas, 2013, 20(5): 056114.

[77] Nardon E, Kirk A, Akers R, et al. Edge localized mode control experiments on MAST using resonant magnetic perturbations from in-vessel coils [J]. Plasma Physics and Controlled Fusion, 2009, 51(12): 124010.

[78] Lanctot M J, Reimerdes H, Garofalo A M, et al. Measurement and modeling of three-dimensional equilibria in DIII-D [J]. Physics of Plasmas, 2011, 18 (5): 056121.

[79] Liu Y, Kirk A, Thornton A J. Modelling intrinsic error field correction experiments in MAST [J]. Plasma Physics and Controlled Fusion, 2014, 56 (10): 104002.

[80] Wang Z R, Lanctot M J, Liu Y Q, et al. Three-dimensional drift kinetic response of high-beta plasmas in the DIII-D tokamak [J]. Physical review letters, 2015, 114(14): 145005.

[81] Liu Y, Kirk A, Sun Y. Toroidal modeling of penetration of the resonant magnetic perturbation field [J]. Physics of Plasmas, 2013, 20(4): 042503.

[82] Liu Y, Kirk A, Gribov Y, et al. Modelling of plasma response to resonant magnetic perturbation fields in MAST and ITER [J]. Nuclear Fusion, 2011, 51(8): 083002.

[83] Liu Y Q, Kirk A, Sun Y, et al. Toroidal modeling of plasma response and resonant magnetic perturbation field penetration [J]. Plasma Physics and Controlled Fusion, 2012, 54(12): 124013.

[84] Li L, Liu Y Q, Kirk A, et al. Modelling plasma response to RMP fields in ASDEX Upgrade with varying edge safety factor and triangularity [J]. Nuclear Fusion, 2016, 56(12): 126007.

[85] Ryan D A, Liu Y Q, Li L, et al. Numerically derived parametrisation of optimal RMP coil phase as a guide to experiments on ASDEX Upgrade [J]. Plasma Physics and Controlled Fusion, 2017, 59(2): 024005.

[86] Ryan D A, Dunne M, Kirk A, et al. Numerical survey of predicted peeling response in edge localised mode mitigated and suppressed phases on ASDEX upgrade [J]. Plasma Physics and Controlled Fusion, 2019, 61 (19): 095010.

[87] Zhang N, Liu Y Q, Piovesan P, et al. Toroidal modelling of core plasma flow damping by RMP fields in hybrid discharge on ASDEX upgrade [J]. Nuclear Fusion, 2020, 60(9): 096006.

[88] Yang X, Sun Y, Liu Y, et al. Modelling of plasma response to 3D external magnetic field perturbations in EAST [J]. Plasma Physics and Controlled Fusion, 2016, 58(11): 114006.

[89] Lao L L, Peng Q. EFIT [J]. Fusion Sci Technol, 2005, 48(968).

[90] Sun Y, Liang Y, Liu Y Q, et al. Nonlinear Transition from Mitigation to Suppression of the Edge Localized Mode with Resonant Magnetic Perturbations in the EAST Tokamak [J]. Physical review letters, 2016, 117 (11): 115001.

[91] Jia M, Sun Y, Liang Y, et al. Control of three dimensional particle flux to divertor using rotating RMP in the EAST tokamak [J]. Nuclear Fusion, 2018, 58(18): 046015.

[92] Yang X, Liu Y, Paz-Soldan C, et al. Resistive versus ideal plasma response to RMP fields in DIII-D: roles of q 95 and X-point geometry [J]. Nuclear Fusion, 2019, 59(8): 086012.

[93] Yang X, Xu W, Zhou L, et al. ELM control based on modeling of plasma response to n = 2 and n = 3 resonant magnetic perturbation fields in DIII-D [J]. AIP Advances, 2020, 10(5): 055316.

[94] Liu Y, Lyons B C, Gu S, et al. Influence of up-down asymmetry in plasma shape on RMP response [J]. Plasma Physics and Controlled Fusion, 2021,

63(6): 065003.

[95] Markovic T, Liu Y Q, Cahyna P, et al. Measurements and modelling of plasma response field to RMP on the COMPASS tokamak [J]. Nuclear Fusion, 2016, 56(16): 092010.

[96] Liu Y Q, Akers R, Chapman I T, et al. Modelling toroidal rotation damping in ITER due to external 3D fields [J]. Nuclear Fusion, 2015, 55 (14): 063027.

[97] Li L, Liu Y Q, Wang N, et al. Toroidal modeling of plasma response to RMP fields in ITER [J]. Plasma Physics and Controlled Fusion, 2017, 59 (4): 044005.

[98] Li L, Liu Y Q. ELM control optimization for various ITER scenarios based on linear and quasi-linear figures of merit [J]. Phys Plasmas, 2020, 27:042510.

[99] Zhou L, Liu Y, Liu Y, et al. Plasma response based RMP coil geometry optimization for an ITER plasma [J]. Plasma Physics and Controlled Fusion, 2016, 58(11): 115003.

[100] Lina Zhou, Yueqiang Liu, Ronald Wenninger, et al. Toroidal plasma response based ELM control coil design for EU DEMO [J]. Nuclear Fusion, 2018, 58(06): 076025.

[101] Liu Y, Connor J W, Cowley S C, et al. Continuum resonance induced electromagnetic torque by a rotating plasma response to static resonant magnetic perturbation field [J]. Physics of Plasmas, 2012, 19 (10): 102507.

[102] Bai X, Liu Y, Gao Z. Effect of anisotropic thermal transport on the resistive plasma response to resonant magnetic perturbation field [J]. Physics of Plasmas, 2017, 24(10): 102505.

[103] Li L, Liu Y Q, Loarte A, et al. Screening of resonant magnetic perturbation

fields by poloidally varying toroidal plasma rotation [J]. Physics of Plasmas, 2018, 25(8): 082512.

[104] Yang X, Liu Y, Xu W, et al. Influence of elongation and triangularity on plasma response to resonant magnetic perturbations [J]. Nuclear Fusion, 2021.

[105] Fitzpatrick R. Interaction of tearing modes with external structures in cylindrical geometry (plasma) [J]. Nuclear Fusion, 1993, 33(7): 1049-1084.

[106] Okabayashi M, Bogatu I N, Chance M S, et al. Comprehensive control of resistive wall modes in DIII-D advanced tokamak plasmas [J]. Nuclear Fusion, 2009, 49(12): 125003.

[107] Evans T E, Moyer R A, Burrell K H, et al. Edge stability and transport control with resonant magnetic perturbations in collisionless tokamak plasmas [J]. Nature Physics, 2006, 2(6): 419-423.

[108] Liu Y, Ham C J, Kirk A, et al. ELM control with RMP: plasma response models and the role of edge peeling response [J]. Plasma Physics and Controlled Fusion, 2016, 58(11): 114005.

[109] Yang X, Sun Y, Liu Y, et al. Modelling of plasma response to 3D external magnetic field perturbations in EAST [J]. Plasma Physics and Controlled Fusion, 2016, 58(11): 114006.

[110] Park J K, Boozer A H, Menard J E, et al. Error field correction in ITER [J]. Nuclear Fusion, 2008, 48(4): 045006.

[111] Buttery R J, Boozer A H, Liu Y Q, et al. The limits and challenges of error field correction for ITER [J]. Physics of Plasmas, 2012, 19(5): 056111.

[112] Menard J E, Bell R E, Gates D A, et al. Progress in understanding error-field physics in NSTX spherical torus plasmas [J]. Nuclear Fusion 2010, 50

(4): 045008.

[113] Okabayashi M, Bogatu I N, Chance M S, et al. Comprehensive control of resistive wall modes in DIII-D advanced tokamak plasmas [J]. Nuclear Fusion, 2009, 49(12): 125003.

[114] Reimerdes H, Garofalo A M, Strait E J, et al. Effect of resonant and non-resonant magnetic braking on error field tolerance in high beta plasmas [J]. Nuclear Fusion, 2009, 49(11): 115001.

[115] In Y, Chu M S, Jackson G L, et al. Requirements for active resistive wall mode (RWM) feedback control [J]. Plasma Physics and Controlled Fusion, 2010, 52(10): 104004.

[116] Buttery R J, Gerhardt S, La Haye R J, et al. The impact of 3D fields on tearing mode stability of H-modes [J]. Nuclear Fusion, 2011, 51 (7): 073016.

[117] Buttery R J, Benedetti M D, Hender T C, et al. Error field experiments in JET [J]. Nuclear Fusion, 2000, 40(4): 807-819.

[118] Howell D F, Hender T C, Cunningham G. Locked mode thresholds on the MAST spherical tokamak [J]. Nuclear Fusion, 2007, 47(9): 1336-1340.

[119] Kirk A, Liu Y, Martin R, et al. Measurement, correction and implications of the intrinsic error fields on MAST [J]. Plasma Physics and Controlled Fusion, 2014, 56(10): 104003.

[120] In Y, Park J K, Jeon J M, et al. Extremely low intrinsic non-axisymmetric field in KSTAR and its implications [J]. Nuclear Fusion, 2015, 55 (4): 043004.

[121] Buttery R J, Benedetti M D, Gates D A, et al. Error field mode studies on JET, COMPASS-D and DIII-D, and implications for ITER [J]. Nuclear Fusion, 1999, 39(11Y): 1827-1835.

[122] Koslowski H R, Liang Y, Krämer-Flecken A, et al. Dependence of the threshold for perturbation field generated m/n = 2/1 tearing modes on the plasma fluid rotation [J]. Nuclear Fusion 2006, 46(8): L1-L5.

[123] Wolfe S M, Hutchinson I H, Granetz R S, et al. Nonaxisymmetric field effects on Alcator C-Mod [J]. Physics of Plasmas, 2005, 12(5): 056110.

[124] Park J K, Schaffer M J, Menard J E, et al. Control of asymmetric magnetic perturbations in tokamaks [J]. Phys Rev Lett, 2007, 99(19): 195003.

[125] Park J K, Schaffer M J, La Haye R J, et al. Corrigendum: Error field correction in DIII-D Ohmic plasmas with either handedness [J]. Nuclear Fusion, 2012, 52(8): 089501.

[126] Liu Y, Kirk A, Thornton A J. Modelling intrinsic error field correction experiments in MAST [J]. Plasma Physics Controlled Fusion, 2014, 56(10): 104002.

[127] Hahm T S, Kulsrud R M. Forced magnetic reconnection [J]. Physics of Fluids, 1985, 28(8): 2412.

[128] Fitzpatrick R, Hender T C. The interaction of resonant magnetic perturbations with rotating plasmas [J]. Physics of Fluids B: Plasma Physics, 1991, 3(3): 644-673.

[129] Hurricane O A, Jensen T H, Hassam A B. Two - dimensional magnetohydrodynamic simulation of a flowing plasma interacting with an externally imposed magnetic field [J]. Physics of Plasmas, 1995, 2(6): 1976-1981.

[130] Ma Z W, Wang X, Bhattacharjee A. Forced magnetic reconnection and the persistence of current sheets in static and rotating plasmas due to a sinusoidal boundary perturbation [J]. Physics of Plasmas, 1996, 3(6): 2427-2433.

[131] Wang X, Bhattacharjee A. Forced reconnection and mode locking in rotating

cylindrical plasmas [J]. Physics of Plasmas, 1997, 4(3): 748-754.

[132]Fitzpatrick R. Bifurcated states of a rotating tokamak plasma in the presence of a static error-field [J]. Physics of Plasmas, 1998, 5(9): 3325-3341.

[133]Evans T E, Neuhauser J, Leuterer F, et al. Characteristics of toroidal energy deposition asymmetries in ASDEX [J]. Journal of Nuclear Materials 1990, 30(176): 202-207.

[134]Luxon J L, Schaffer M J, Jackson G L, et al. Anomalies in the applied magnetic fields in DIII-D and their implications for the understanding of stability experiments [J]. Nuclear Fusion, 2003, 43(03): 1813-1828.

[135]Wolfe S M, Hutchinson I H, Granetz R S, et al. Nonaxisymmetric field effects on Alcator C-Mod [J]. Physics of Plasmas, 2005, 12(5): 056110.

[136]Piras F, Moret J M, Rossel J X. Measurement of the magnetic field errors on TCV [J]. Fusion Engineering and Design, 2010, 85(5): 739-744.

[137]Kirk A, Liu Y, Martin R, et al. Measurement, correction and implications of the intrinsic error fields on MAST [J]. Plasma Physics and Controlled Fusion, 2014, 56(10): 104003.

[138]Garofalo A M, Haye R J L, Scoville J T. Analysis and correction of intrinsic non-axisymmetric magnetic fields in high-β DIII-D plasmas [J]. Nuclear Fusion, 2002, 42(2): 1335-1339.

[139]Shiraki D, Paz-Soldan C, Hanson J M, et al. Measurements of the toroidal torque balance of error field penetration locked modes [J]. Plasma Physics and Controlled Fusion, 2015, 57(2): 025016.

[140]Scoville J T, Haye R J L. Multi-mode error field correction on the DIII-D tokamak [J]. Nuclear Fusion, 2003, 43(03): 250-257.

[141]Schaffer M J, Menard J E, Aldan M P, et al. Study of in-vessel nonaxisymmetric ELM suppression coil concepts for ITER [J]. Nuclear

Fusion, 2008, 48(2): 024004.

[142] Park J K, Boozer A H, Menard J E, et al. Error field correction in ITER [J]. Nuclear Fusion, 2008, 48(4): 045006.

[143] Park J K, Boozer A H, Glasser A H. Computation of three-dimensional tokamak and spherical torus equilibria [J]. Physics of Plasmas, 2007, 14 (5): 052110.

[144] Park J K, Schaffer M J, Menard J E, et al. Control of asymmetric magnetic perturbations in tokamaks [J]. Physical review letters, 2007, 99 (19): 195003.

[145] Park J-K, Schaffer M J, La Haye R J, et al. Corrigendum: Error field correction in DIII-D Ohmic plasmas with either handedness [J]. Nuclear Fusion, 2012, 52(8): 089501.

[146] Ferraro N M. Calculations of two-fluid linear response to non-axisymmetric fields in tokamaks [J]. Physics of Plasmas, 2012, 19(5): 056105.

[147] Buttery R J, Boozer A H, Liu Y Q, et al. The limits and challenges of error field correction for ITER [J]. Physics of Plasmas, 2012, 19(5): 056111.

[148] Howell D F, Hender T C, Cunningham G. Locked mode thresholds on the MAST spherical tokamak [J]. Nuclear Fusion, 2007, 47(9): 1336-1340.

[149] Yang X, Liu Y, Sun Y, et al. Toroidal modeling of the n= 1 intrinsic error field correction experiments in EAST [J]. Plasma Physics and Controlled Fusion, 2018, 60(5): 055004.

[150] Hernandez J V, Vannucci A, Tajima T, et al. Neural network prediction of some classes of tokamak disruptions [J]. Nuclear Fusion, 1996, 36 (8): 1009.

[151] Wróblewski D, Jahns G L, Leuer J A. Tokamak disruption alarm based on a neural network model of the high-beta limit [J]. Nuclear Fusion, 1997, 37

(6): 725.

[152] Vannucci A, Oliveira K A, Tajima T. Forecast of TEXT plasma disruptions using soft X rays as input signal in a neural network [J]. Nuclear Fusion, 1999, 39(2): 255.

[153] Sengupta A, Ranjan P. Prediction of density limit disruption boundaries from diagnostic signals using neural networks [J]. Nuclear Fusion, 2001, 41(5): 487.

[154] Morabitoa F C, Versacia M, Pautassob G, et al. Fuzzy-neural approaches to the prediction of disruptions in ASDEX Upgrade [J]. Nuclear Fusion, 2001, 41(11): 1715.

[155] Pautasso G, Tichmann C, Egorov S, et al. On-line prediction and mitigation of disruptions in ASDEX Upgrade [J]. Nucl Fusion, 2002, 42(02): 100.

[156] Yoshino R. neural-net disruption predictor in JT-60U [J]. Nuclear Fusion, 2003, 43(03): 1771.

[157] Cannas B, Fanni A, Marongiu E, et al. Disruption forecasting at JET using neural networks [J]. Nuclear Fusion, 2004, 44(04): 68.

[158] Cannas B, Fanni A, Sonato P, et al. A prediction tool for real-time application in the disruption protection system at JET [J]. Nuclear Fusion, 2007, 47(07): 1559.

[159] Cannas B, Fanni A, Pautasso G, et al. An adaptive real-time disruption predictor for ASDEX Upgrade [J]. Nuclear Fusion, 2010, 50(07): 075004.

[160] Rattá G A, Vega J, Murari A, et al. An advanced disruption predictor for JET tested in a simulated real-time environment [J]. Nuclear Fusion, 2010, 50(02): 025005.

[161] Rattá G A, Vega J, Murari A, et al. Improved feature selection based on

genetic algorithms for real time disruption prediction on JET [J]. Fusion Engineering and Design, 2012, 87(06): 1670.

[162]马瑞, 王爱科, 王灏. 用人工神经网络预测 HL-2A 等离子体放电破裂 [J]. 核聚变与等离子体物理, 2010, 30(1): 0254.

[163]Rea C, Granetz R S, Montes K, et al. Disruption prediction investigations using Machine Learning tools on DIII-D and Alcator C-Mod. [J]. Plasma Phys Control Fusion, 2018, 60(13): 084004.

[164]Montes K J, Rea C, Granetz R S, et al. Machine learning for disruption warnings on Alcator C-Mod, DIII-D, and EAST [J]. Nuclear Fusion, 2019, 59(12): 096015.

[165]谭胜均, 张洋, 叶民友, 等. EAST 上由垂直不稳定性引发破裂的分析与预测 [J]. 核聚变与等离子体物理, 2019, 39(2): 0254.

[166]Churchill R M, Tobias B, Zhu Y, et al. Deep convolutional neural networks for multi-scale time-series classification and application to tokamak disruption prediction using raw, high temporal resolution diagnostic data [J]. Physics of Plasmas, 2020, 27(6): 062510.

[167] Lister J B, Schnurrenberger H. Fast non-linear extraction of plasma equilibrium parameters using a neural network mapping [J]. Nuclear Fusion, 1991, 31(7): 1291-300.

[168]Allen L, Bishop C M. Neural network approach to energy confinement scaling in Tokamaks [J]. Plasma Physics and Controlled Furon, 1992, 34(7): 1291-302.

[169]Bishopt C M, Roach C M, Hellermann V M G. Automatic analysis of JET charge exchange spectra using neural networks [J]. Plasma Physics and Controlled Fusion, 1993, 35(765-773).

[170]Coccorese E, Morabito C. Identification of noncircular plasma equilibria using

a neural network approach [J]. Nuclear Fusion, 1994, 34 (10): 1349-1363.

[171] Albanese R, Coccorese E, Gruber O, et al. Identification of Plasma Equilibria in ITER from Magnetic Measurements Via Functional Parameterization and Neural Networks [J]. Fusion Technology, 1996, 30 (2): 219-236.

[172] Wróblewski D. Neural network evaluation of tokamak current profiles for real time control [J]. Review of Scientific Instruments, 1997, 68(2): 1281.

[173] Demeter G. Tomography using neural networks [J]. Review of Scientific Instruments, 1997, 68(3): 1438.

[174] Vitela J E, Martinell J J. Burn conditions stabilization with artificial neural networks of subignited thermonuclear reactors with scaling law uncertainties [J]. Plasma Physics and Controlled Fusion, 2001, 43(1): 99-119.

[175] Jeon Y M, Na Y S, Kim M R, et al. Newly developed double neural network concept for reliable fast plasma position control [J]. Review of Scientific Instruments, 2001, 72(1): 513.

[176] Sengupta A, Ranjan P. Modified neural networks for rapid recovery of tokamak plasma parameters for real time control [J]. Review of Scientific Instruments, 2002, 73(7): 2566.

[177] Barana O, Murari A, Franz P, et al. Neural networks for real time determination of radiated power in JET [J]. Review of Scientific Instruments, 2002, 73(5): 2038.

[178] Greco A, Mammone N, Morabito F C, et al. Artificial Neural Networks and Multi-Class Support Vector Machines for Classifying Magnetic Measurements in Tokamak Reactors [J]. World Academy of Science, Engineering and Technology, 2008, 19(1): 1041-1048.

［179］Meneghini O, Luna C J, Smith S P, et al. Modeling of transport phenomena in tokamak plasmas with neural networks ［J］. Physics of Plasmas, 2014, 21 (6): 060702.

［180］Froio A, Bonifetto R, Carli S, et al. Design and optimization of Artificial Neural Networks for the modelling of superconducting magnets operation in tokamak fusion reactors ［J］. Journal of Computational Physics, 2016, 321 (9): 476-491.

［181］Jardin A, Bielecki J, Mazon D, et al. Neural networks- from image recognition to tokamak plasma tomography ［J］. Laser and Particle Beams, 2019.

［182］Matos F, Menkovski V, Felici F, et al. Classification of tokamak plasma confinement states with convolutional recurrent neural networks ［J］. Nucl Fusion, 2020, 60(16): 036022.

［183］Gopakumar V, Samaddar D. Image mapping the temporal evolution of edge characteristics in tokamaks using neural networks ［J］. Machine Learn: Science Technology, 2020, 1(2): 015006.

［184］Mohapatra D, Bidyadhar S, Raju D. Real-time sensor fault detection in Tokamak using different machine learning algorithms ［J］. Fusion Engineering and Design, 2020, 151 (12): 111401.

［185］Liu Y, Lao L, Li L, et al. Neural network based prediction of no-wall β N limits due to ideal external kink instabilities ［J］. Plasma Physics and Controlled Fusion, 2020, 62(4): 045001.